JN145240

オープンCAEで学ぶ構造解析入門

DEXCS-WinXistrの活用

柴田良一［著］

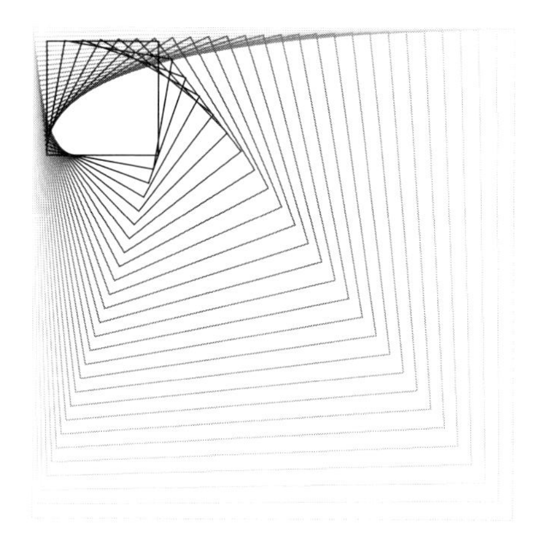

朝倉書店

ま え が き

デジタルエンジニアリングの発展に伴って，CAE（コンピュータ支援工学）は，ものづくり技術者の必修内容となっている．「新しいものづくり」を目指す読者に向けて，効果的な学びを実現することを目指して本書を執筆した．読者対象は主に大学や高専の機械系や建設系の学生で，基本的な構造力学や材料力学を学びながらの学習を想定している．しかしデジタルエンジニアリングの必要性は，分野を限定せずに展開しており，これらの基礎知識が十分でない読者も想定して，基本的な用語や概念から解説しているので，はじめて CAE に取り組む方でも学習を進めることができる．本書には以下の 3 つの特徴がある．

- **オープン CAE の活用**：利用する解析システムは Windows-PC に誰もが無償で構築できる．さらにソースコードが公開され，自由に利用して改良し配布もできることから，研究開発の基盤として実際に広く活用されている．本解析システムは学習用の解析システムに留まらず，実務の設計や開発でも活用できる幅広い解析機能を実現している．
- **アクティブ・ラーニング**：CAE を学ぶためには実践が不可欠であり，受け身の姿勢では十分な学習効果は期待できない．まずは本書のシナリオに従って自ら解析を実行することにより，構造解析学の学習を効果的に進めることを期待している．その後に巻末の参考文献を活用して，各自の興味により学習を深化させてほしい．
- **クラウドなどの演習環境**：本解析システムは一般的なパソコンを利用して，簡単に構築できるため，本書は企業技術者などの自主学習にも最適である．また手軽に解析環境を整えるために，各種クラウドの活用も実現している．これより，ネットワーク接続のみでどこでも解析を可能とし，さらに大規模解析への展開を実現している．

ここでは構造解析の数値計算技術として有限要素法を用いている．これは複雑な構造物などを単純な形状の有限要素に分割することで，問題を連立方程式で表し，パソコンなどを使って対象の挙動を分析する手法である．ものづくりにおいて，機械分野や建設分野をはじめ広い産業領域で活用されている．本書で活用する解析システムは，問題規模に応じて一般的なパソコンからクラウドやスパコンまでを活用して，ものづくりで必要となる広範囲の構造解析を実現することができる．ここで学んだ基礎知識は汎用的なものであり，商用システムなどさらに幅広い実践においても有益な知識となる．なお本書の学習を補助しさらに展開させるために，「DEXCS-WinXistr 補足解説文書パック」として，3 つの PDF 資料を用意している．以下の URL の本書補足ページより入手できるので，あわせて活用されたい．

http://opencae.gifu-nct.ac.jp/pukiwiki/index.php?AboutEasyISTR

- 操作手順補足資料（Operation Supplemental Manual：OSM）
  本書の内容の具体的な補足資料であり，節番号は本文と対応している．
- FrontISTR ユーザーマニュアル（FrontISTR User Manual：FUM）
  解析ソルバ FrontISTR に付属するマニュアルで，設定情報を参照する．
- EasyISTR 操作マニュアル（EasyISTR Operation Manual：EOM）
  統合ツール EasyISTR に付属するマニュアルで，操作方法を参照する．

これからの創造的な技術者は，「理論・実験・解析」の 3 つの手段を活用して効果的なものづくりを実現することが求められている．特に CAE は試作や実験と比べて時間や経費の削減を可能にする技術として，高付加価値なものづくりにおいては，今後ますます重要性が高まっている．また，オープン CAE の本質は，「技術者の可能性を拡張する自由な道具」にあり，新しいものづくりの 1 つの可能性を実現している．本書を出発点として，デジタルエンジニアリング世代を担う技術者をめざして，オープンソースの理念である「人類の共有財産」を有効活用して，次世代に引き継ぎ発展させてゆく仲間が増えることを期待している．

最後に，本書を活用した構造解析演習での試行錯誤は，読者の貴重な経験の蓄積となり，実践的な解析技術の習得につながる大切な過程となるだろう．本書で解説した CAE 技術においても，先人の努力の成果を習得して「新しい CAE の未来」をさらに探究してほしい．

2017 年 2 月

柴 田 良 一

目　　次

1

構造解析の基礎理論

1.1　学習の目的や準備

1.1.1　構造解析の目的

ものづくりにおける構造解析は，PC の性能向上に伴って普及し，その重要性を近年特に高めており，以下のような目的をもって取り組まれている．

- 設計条件の検証：所定の設計条件を満足するか実験に加え構造解析で確認する．
- 製品の改善改良：無駄や無理のない合理的な設計を目指した最適化を実現する．
- 問題の原因究明：事故破損などに対して原因条件を究明して対応策を検討する．

構造物の安全性を評価するための力学的な挙動を評価する際に，理論的な分析が難しい複雑な条件や形状の場合や，実験的な評価に大きなコストが必要な場合については，特に数値計算による構造解析は，理論分析や実験評価を補完する大きな役割をもっている．さらに効率的な製品設計には，設計変更の対応や作業時間の短縮などが必要とされ，構造解析はこれらを実現するために不可欠な中心技術としても期待されている．特に近年において，設計期間の短縮化を実現するために，設計の上流工程の重要性が注目されており，実際に試作品をつくる前に構造解析を行って検証することが一般的になっている．

こうした目的による構造解析は，機械分野や建設分野など広くものづくりにかかわる産業での不可欠な基盤技術となっており，関連学科の学生においては必須の学習事項である．そこで，理論・実験・解析の 3 つの基礎技術を学習することにより，ものづくりの現場において各産業分野の専門技術者として活躍することが可能となる．具体的に，ものづくりにおける構造解析の活用のポイントを学ぶ場合は，参考文献 [1] が有用である．

1.1.2 構造解析の準備

本書は構造解析をはじめて学ぶ読者，具体的には大学や高専の専門科目を学ぶ学生や新しく構造解析に携わる企業技術者を想定して記述しており，必要な基礎知識は説明や演習の進展に応じて解説している．なお，より確実な理解を得るためには，以下に示すような分野の予備知識があることが望ましい．これらも含めて有限要素法に向けて予備知識を全体的に学ぶために，参考文献 [2] が有用である．

- 数学　線形代数：マトリクスやベクトルの基本的な性質や演算の方法
　　　　連立方程式：行列表現でのガウスの消去法などの基本的な解法
- 物理　エネルギー原理：釣り合い式の基本となる保存則などの基礎理論
　　　　フックの法則：バネにおける力と変形にかかわる基本的な力学
- 構造　構造力学：専門分野における構造物の力学的挙動の基礎知識
　　　　材料力学：構造物を構成する材料の微小体での力学的分析

本書での構造解析演習では，実用的な完成度で開発され配布されている本格的な解析システムを自身の PC に構築して利用するため，解説の中でプログラミングを行うことはしない．しかし，本書で扱う解析システムはソースコードが公開されているため，研究開発などの高度な構造解析を目指す場合には，Fortran や Python などのプログラミング言語によるカスタマイズなどにより改良が可能である．また教育目的に特化して Microsoft Excel の VBA (Visual Basic for Application) を用いて，有限要素法による解析プログラム全体をつくる場合には，参考文献 [3] が有用である．

1.1.3 構造解析の用語

構造力学は，ものづくりの様々な分野で用いられている工学の基礎理論である．それらは力学を基本原理とした内容であり，本質的には広い分野で同等な理論体系となっている．しかしながら対象とする構造の特性や問題の種類から，専門分野に特化したそれぞれの発展を遂げている．

この過程で，同じ概念であっても，分野によって異なる用語が定義されることもある．例えば「応力」は，建築分野では梁柱の棒材の断面に生じる軸力・せん断力・曲げモーメントを表すが，機械分野では断面などの微小面に作用する単位面積あたりの力を表しており，一方で建築ではこの概念を「応力度」と呼ぶ．

本書では著者が考える合理的な理由による用語を用いるので，機械や建築などの分野に限定した表現はしないが，本質的な概念を理解した上でそれぞれの分野の用語に読み替えてほしい．ただし単位系はSI単位 (国際単位系) を用いるので，「力」の単位は「N (ニュートン)」とする．なおNは組立単位であって，基本単位で表すと質量 (kg) と長さ (m)，時間 (s) を用いて「$1\,\mathrm{N} = 1\,\mathrm{kg} \cdot \mathrm{m/s^2}$」となる．また従来使われていた重力単位系ではkgfを力の単位としていたが，これは重力加速度 $9.8\,\mathrm{kg} \cdot \mathrm{m/s^2}$ を元にしており，単位変換としては，$1\,\mathrm{kgf} = 9.8\,\mathrm{N}$ となる．

1.1.4　本書での構造解析

本書で学習する構造解析では，複雑な構造物を単純な形状の要素で分割する有限要素法を実践的な数値解析手法として用いる．この有限要素法による解析システム (東京大学の奥田研究室で開発されたFrontISTRを中心として構成された) を活用して，解析演習を通して基礎理論と操作方法の両方を学ぶことで，実践的な構造解析の技術を習得することを本書では目的としている．よって理論的な構造解析学の教科書の必要部分のみを取り上げて，さらに操作手順のマニュアル的な記述の中に構造解析の基礎知識を含める構成となっている．

よって本書での構造解析の学習では，アクティブ・ラーニングとして読者の自主的な演習を前提としている．そのため第1章で構造解析の基礎理論を確認したのち，第2章により構造解析システムの構築を行って，第3章の内容に沿って実際に演習を行うことが必須である．また第3章の例題演習では，基本的な段階から徐々に高度な内容に展開してゆくので，「3.1 弾性応力解析」⇒「3.2 弾塑性応力解析」と順を追って演習を進めることを推奨する．

ここまでの学習によって，構造解析の基本的な技術を習得することで，先に挙げた構造解析の3つの目的を実現する基盤ができると考えている．また本書で得られた技術や知識は，将来的に異なるソフトウェアを使うことになっても，基礎知識として有用である．さらに高度な構造解析を目指す場合には，参考文献 [4] などを活用されたい．

1.2　有限要素法の基礎理論

1.2.1　フックの法則によるバネモデル

a.　次元の設定と用語の定義

構造力学の学習では説明を容易にするために2次元で問題を表現することが多く，本書の基礎理論の説明でも利用する．しかし構造解析の演習では実践的な活用を目指すために3次元直交座標 XYZ 軸を想定して考える．この座標系は右手系座標であり親指・人差指・中指を互いに直交するように向けたときを正の方向として，順に X 軸・Y 軸・Z 軸となり，本書で利用する解析システムでは画面の表示において，この3軸が Red (赤色)・Green (緑色)・Blue (青色) に対応している．

構造解析では，解析対象となる構造物に対して拘束する固定条件を設定し，荷重や変位などの外部作用を与えた結果として，構造物の変形や応力・反力などを求めることを目的とする．

本書で用いる各用語を，以下のように定義する (図 1.2.1 (a))．

- 荷重：構造物の外部から何らかの要因で作用する力，外力ともいう．
- 変位：構造物の形状が荷重により変化，つまり変形したときの移動量．
- 反力：構造物を支える固定部分において固定条件に応じて生じる力．
- 応力：構造物の内部に仮定した任意断面に生じる力，内力ともいう．

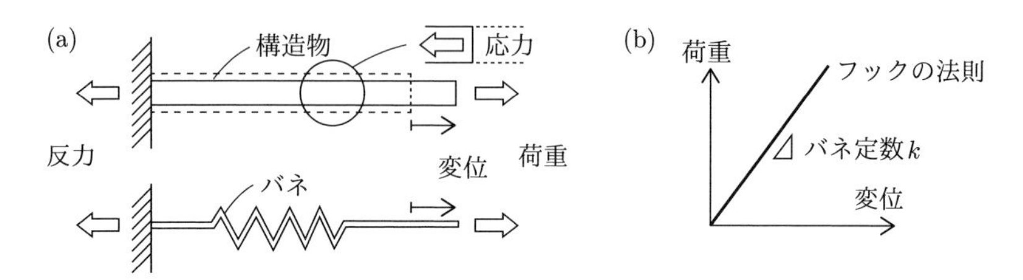

図 1.2.1　構造解析での基本用語

b.　フックの法則 (1本のバネの力学)

物理学で習ったバネの挙動は，図 1.2.1 (b) に示すようになり，「フックの法則」または「弾性法則」として定義され，構造解析の最も基本となる材料の特性を表す「構成則」となる．具体的にはバネ定数 k とバネに作用する力 F とバネの変位量 U から式 (1.2.1) となる．これは荷重と変位が正比例することを表している．

$$F = k \cdot U \tag{1.2.1}$$

この性質をバネから一般的な構造物の材料に拡張して考える．現実の材料においては荷重や変形がある範囲内においてのみ成立する法則となり，この範囲を線形弾性と呼ぶ．なお正比例 (直線つまり線形) でなくても荷重と変位が1対1で対応する場合は弾性となる．このバネ定数を材料の特性としては剛性と呼び，「変形のしにくさ (固さ)」を表し材料によって固有の値がある．

c.　マトリクス表現 (2 本のバネによる構造)

先のバネは先端に荷重が作用しその部分が伸びて変形する．この変形の位置と方向を「自由度」という．この自由度を設定する構造物中の位置を「節点」と呼び，例えば図 1.2.2 (b) に示す 2 本のバネでは，節点 1 が固定され，節点 3 に荷重が作用している．この状態では荷重方向 (水平) に，節点 2 と 3 が自由度をもち，2 自由度の構造物となる．

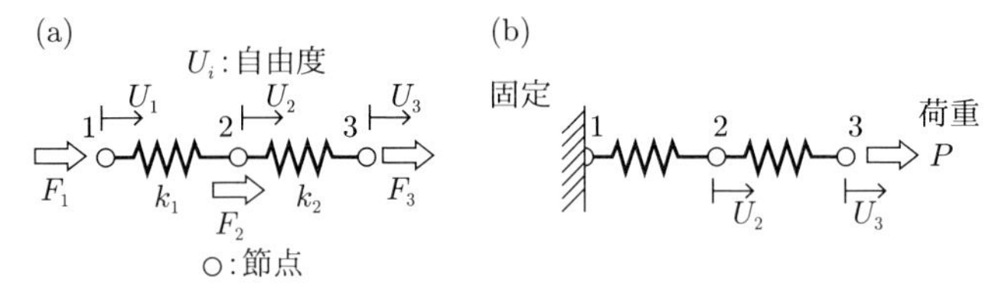

図 1.2.2　2 本のバネによる 2 自由度の構造物

ここで固定や荷重を外した状態において，節点 i における変形を自由度と考えて U_i とし荷重を F_i とすると，図 1.2.2 (a) に示す構造物のフックの法則による釣り合い状態は式 (1.2.2) のようにマトリクス表現される．

$$\begin{Bmatrix} F_1 \\ F_2 \\ F_3 \end{Bmatrix} = \begin{bmatrix} k_1 & -k_1 & 0 \\ -k_1 & k_1 + k_2 & -k_2 \\ 0 & -k_2 & k_2 \end{bmatrix} \begin{Bmatrix} U_1 \\ U_2 \\ U_3 \end{Bmatrix} \tag{1.2.2}$$

ここで上記の意味としては，

$$\{荷重ベクトル\} = [剛性マトリクス]\cdot\{変位ベクトル\}$$

となり，数学の連立方程式と対応させると，{荷重ベクトル} が定数項，[剛性マトリクス] が係数行列，{変位ベクトル} が未知数となる．

d.　固定条件の意味

仮に宇宙空間にある構造物を考えると，荷重を作用させた結果は等速運動で永久に移動することが想像できる．しかし通常の構造解析で対象となる構造物は，地球上に存在して重力の影響下にある．よって支持が何もなく宙に浮くことはなく，建設構造物であれば地面に固定されることになる．一方，機械構造物の場合には，明示的に他の構造物に固定される場合か，利用状況によって何らかの仕組みで固定される場合のどちらかになる．

よって通常の構造解析では固定条件は必須であり，もし解析条件の設定を誤り固定されていない場合には，先の宇宙空間の場合と同様に永久運動となり解析が成立しない．そこで，例えば自動車のように移動する構造物の固定の考え方としては，車体重量はタイヤが支えているので，重力方向のみに着目すればよい．タイヤの接地面で上下方向に固定して反力により支持されることになる．

つまり解析対象の条件によっては，実際の状態では摩擦や接触によって実質的に固定されていても，構造解析として固定条件が単純に設定できない場合があり，そのときは構造解析で注目する挙動を明確にしてから，その挙動を表現するための固定条件を独自に考える必要がある．

e. 固定条件のマトリクス表現

図 1.2.2 (b) に示す 2 本のバネ構造では，節点 1 が固定されており自由度 U_1 が変位 0 となり，節点 2 と 3 は未知数となるため，釣り合い式のマトリクス表現は式 (1.2.3) に示すようになる．

$$\begin{Bmatrix} F_1 \\ F_2 \\ F_3 \end{Bmatrix} = \begin{bmatrix} k_1 & -k_1 & 0 \\ -k_1 & k_1 + k_2 & -k_2 \\ 0 & -k_2 & k_2 \end{bmatrix} \begin{Bmatrix} 0 \\ U_2 \\ U_3 \end{Bmatrix} \tag{1.2.3}$$

この固定条件を設定しない場合には，バネ構造の釣り合い式をマトリクス表現した連立方程式は数値計算として解をもたず，構造力学としては不安定な剛体移動となる．

f. 荷重条件の注意

構造解析の目的は，対象とする構造物の設計条件に対して，構造物の変形や応力などの状態が想定範囲であり，構造物が安全に利用できることを確認することである．この設計条件として与える荷重条件に注意が必要である．

まず現実の構造物の利用状況では，地震などのように荷重が確率的な現象として確定しづらい場合があり，この場合には利用期間や利用条件をふまえて荷重条件を確定的に適切に設定する必要がある．また実際の荷重条件においては，他の物体とある範囲の面積が接触するため荷重が分布して作用することが多いが，構造解析では自由度が設定される節点へ集中した荷重に変換することになり，合理的な方法による設定が必要となる．

以上では，構造物の表面に作用する表面力としての荷重を考えたが，実際には重力や遠心力による影響も物体力として作用する．対象となる構造物に作用する荷重の影響に比べて鉛直方向に作用する自重の影響も無視できない場合には，適切な体積力を設定する．

g.　荷重条件のマトリクス表現

図 1.2.2 (b) に示す 2 本のバネ構造では，節点 1 と 2 に荷重はなく，節点 3 に荷重が作用しており荷重 F_3 が P となるため，この荷重条件を考慮した釣り合い式は式 (1.2.4) に示すようになる．

$$\begin{Bmatrix} 0 \\ 0 \\ P \end{Bmatrix} = [k] \begin{Bmatrix} 0 \\ U_2 \\ U_3 \end{Bmatrix} \tag{1.2.4}$$

この荷重条件を設定しない場合には，この連立方程式は数値計算として解が不定となり，構造力学としては無意味な問題となる．なお固定条件と荷重条件は，構造物の表面上つまり構造物と周囲との境界に設定される条件であり，これらを合わせて境界条件ともいう．

h.　座標変換のマトリクス表現

これまでに説明したバネの構造物は，軸方向に並んだ 1 次元の状態であったが，図 1.2.3 (a) に示すようにバネを棒材に置き換えて 2 次元に拡張して考える．この棒材は長さが L で断面積が A，先に説明した材料の剛性としてヤング率 E をもつ．ここでバネ定数 k に対応する棒材の特性は，軸剛性 K となり EA/L と書ける．この軸剛性を用いた 1 本の棒材の状態は式 (1.2.5) で記述され，要素剛性方程式と呼ばれる方程式となる．この段階では，荷重は棒材の軸方向に作用して軸剛性のみ関連する部分に剛性マトリクスの成分が配置される．2 次元に対応するために，材軸方向の変位が U_x で直交する方向の変位を U_y とし，材軸方向の荷重が F_x で直交する方向の荷重を F_y として，添え数字は棒材の両端 1 と 2 を表す．

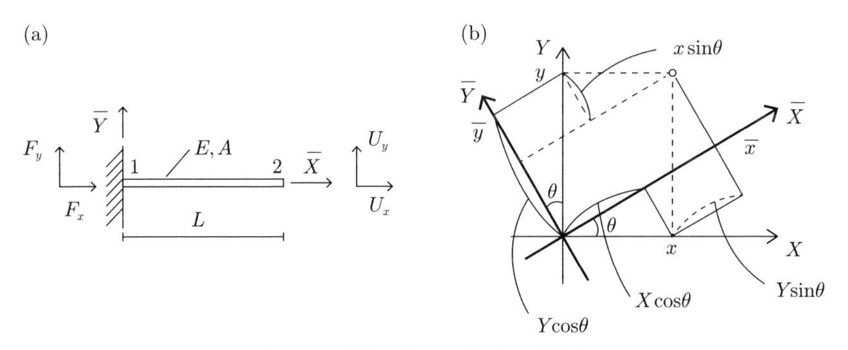

図 1.2.3　棒材による 2 次元中の構造物

$$\begin{Bmatrix} F_{x_1} \\ F_{y_1} \\ F_{x_2} \\ F_{y_2} \end{Bmatrix} = \begin{bmatrix} \frac{EA}{L} & 0 & -\frac{EA}{L} & 0 \\ 0 & 0 & 0 & 0 \\ -\frac{EA}{L} & 0 & \frac{EA}{L} & 0 \\ 0 & 0 & 0 & 0 \end{bmatrix} \begin{Bmatrix} U_{x_1} \\ U_{y_1} \\ U_{x_2} \\ U_{y_2} \end{Bmatrix} \tag{1.2.5}$$

棒材の軸を $\overline{X}$ とし直交する軸を $\overline{Y}$ として，棒材を部材と呼んでこの座標を部材座標系という．この棒材が 2 次元中に任意の状態で複数置かれる場合には，それぞれの棒材に個別の部材座標系が置かれることになるが，これらによる構造物全体を記述するために全体座標系として X と Y を定義する．

この部材座標系で記述された複数の棒材の状態を統合して，1 つの全体座標系で記述するためには，2 つの座標系を関連づける必要がありこれを「座標変換マトリクス」という．図 1.2.3 (b) に示す幾何学的な関係から，部材座標系 $\{\overline{X}\ \overline{Y}\}$ と全体座標系 $\{X\ Y\}$ との関係をそれぞれの座標値 $\{\overline{x}\ \overline{y}\}$ と $\{x\ y\}$ の関係として表すと，部材の傾き θ と三角関数を用いて，式 (1.2.6) のように座標変換マトリクスにより記述できる．

$$\begin{Bmatrix} \overline{x} \\ \overline{y} \end{Bmatrix} = \begin{bmatrix} \cos\theta & \sin\theta \\ -\sin\theta & \cos\theta \end{bmatrix} \begin{Bmatrix} x \\ y \end{Bmatrix} \tag{1.2.6}$$

これより任意の状態 (太さ，長さ，傾き，材料) にある複数の棒材により組み立てられた構造物を，全体座標系の中で 1 つの連立方程式に統合して記述できる．上記は 2 次元中の棒材がもつ 1 つの節点における 2 自由度に関する座標変換マトリクスとなり，個々の棒材の傾きに対応してつくられる．

i.　変位法と応力法

これまでの説明ではフックの法則を元に，式 (1.2.2) に示すように構造物の状態から［剛性マトリクス］をつくり，設定条件として {荷重ベクトル} を与えて，連立方程式の目的となる未知数が {変位ベクトル} となった．このような構造物の状態を表す方程式において，目標となる未知数を変位とする方法を構造解析の変位法と呼ぶ．一方で，構造力学の基礎として，構造物の荷重や反力に対応して部材内部の応力を目標の未知数とする解析方法を応力法と呼ぶ．

構造解析での重要な目的は構造物の安全性の確認であり，部材が耐えられる応力の限界である強度を評価基準として，想定される荷重条件において応力を求めることになる．よって直接に応力を目的とする応力法が計算量も少なく合理的であるが，静定構造や不静定構造などによって解析に特別な工夫が必要となりコンピュータによる解析に向いていない問題点がある．

一方で変位法では，変位を未知数として結果を求めてから応力を計算する手間が必要となり未知数も多数になる問題があったが，コンピュータによる数値解析を前提とする場合には大規模な連立方程式にも対応でき，変位と応力を効率的に求めることができる適当な方法となり，本書の有限要素法でも変位法が用いられている．

j.　要素剛性方程式の構成

これまでに説明したように，バネを並べた単純なモデルから，棒材による剛性マトリクスを用いた要素剛性方程式として式 (1.2.5) がつくられる．さらに座標変換マトリクス式 (1.2.6) を両端の節点 1 と 2 に適用することで，棒材 1 本分に対応する座標変換マトリクス $[T]$ が式 (1.2.7) のように表される．

$$\begin{Bmatrix} \overline{x}_1 \\ \overline{y}_1 \\ \overline{x}_2 \\ \overline{y}_2 \end{Bmatrix} = \begin{bmatrix} \cos\theta & \sin\theta & 0 & 0 \\ -\sin\theta & \cos\theta & 0 & 0 \\ 0 & 0 & \cos\theta & \sin\theta \\ 0 & 0 & -\sin\theta & \cos\theta \end{bmatrix} \begin{Bmatrix} x_1 \\ y_1 \\ x_2 \\ y_2 \end{Bmatrix} = [T] \begin{Bmatrix} x_1 \\ y_1 \\ x_2 \\ y_2 \end{Bmatrix} \tag{1.2.7}$$

以上の式 (1.2.5) と式 (1.2.7) を組み合わせることで，全体座標系に対応する要素剛性方程式が式 (1.2.8) として以下のように構成される．

$\{\overline{F}\} = [\overline{K}]\{\overline{u}\}$ は部材座標系の要素剛性方程式となり，

$$\{\overline{F}\} = [T]\{F\}, \quad \{\overline{u}\} = [T]\{u\}$$

より

$$[T]\{F\} = [\overline{K}][T]\{u\}$$

となる．両辺に $[T]^{-1}$ を乗じると $[T]^{-1}[T]\{F\} = [T]^{-1}[\overline{K}][T]\{u\}$ であるから

$$\begin{aligned} \{F\} &= [T]^{-1}[\overline{K}][T]\{u\} \qquad [T]^{-1} = [T]^{\mathrm{T}} \text{より} \\ &= [T]^{\mathrm{T}}[\overline{K}][T]\{u\} \end{aligned}$$

要素剛性マトリクス $[\overline{K}]$ と座標変換マトリクス $[T]$ を用いて，全体剛性マトリクス $[K] = [T]^{\mathrm{T}}[\overline{K}][T]$ を定義することで，

$$\{F\} = [K]\{u\} \tag{1.2.8}$$

は全体座標系の要素剛性方程式となる．ここで，$[K]$ は次に示すとおりである．

$$[K]=\frac{EA}{L}\begin{bmatrix}(\cos\theta)^2 & \cos\theta\cdot\sin\theta & -(\cos\theta)^2 & -\cos\theta\cdot\sin\theta\\ \cos\theta\cdot\sin\theta & (\sin\theta)^2 & -\cos\theta\cdot\sin\theta & -(\sin\theta)^2\\ -(\cos\theta)^2 & -\cos\theta\cdot\sin\theta & (\cos\theta)^2 & \cos\theta\cdot\sin\theta\\ -\cos\theta\cdot\sin\theta & -(\sin\theta)^2 & \cos\theta\cdot\sin\theta & (\sin\theta)^2\end{bmatrix}$$

k.　要素剛性方程式と全体支配方程式

構造物は，複数の部材が節点を共有することで結合して構成されており，個々の部材の要素剛性方程式を組み合わせることで，構造物の全体支配方程式がつくられる．ここでは構造物を構成するすべての節点における自由度を並べた荷重ベクトルと変位ベクトルがつくられ，これに対応する全体剛性マトリクスとなる．図 1.2.4 に示す簡単な 2 本の部材の例では，節点 2 を部材①と部材②で共有しており，それぞれの要素剛性方程式は以下のように表される．

$$\begin{Bmatrix}F_1\\F_2\end{Bmatrix}=\begin{bmatrix}K_{①11} & K_{①12}\\ K_{①21} & K_{①22}\end{bmatrix}\begin{Bmatrix}U_1\\U_2\end{Bmatrix}\quad \text{部材①}$$

$$\begin{Bmatrix}F_2\\F_3\end{Bmatrix}=\begin{bmatrix}K_{②11} & K_{②12}\\ K_{②21} & K_{②22}\end{bmatrix}\begin{Bmatrix}U_2\\U_3\end{Bmatrix}\quad \text{部材②}$$

この節点 2 の部分が重なる形で式 (1.2.9) の全体支配方程式がつくられる．

$$\begin{Bmatrix}F_1\\F_2\\F_3\end{Bmatrix}=\begin{bmatrix}K_{①11} & K_{①12} & 0\\ K_{①21} & K_{①22}+K_{②11} & K_{②12}\\ 0 & K_{②21} & K_{②22}\end{bmatrix}\begin{Bmatrix}U_1\\U_2\\U_3\end{Bmatrix}\qquad(1.2.9)$$

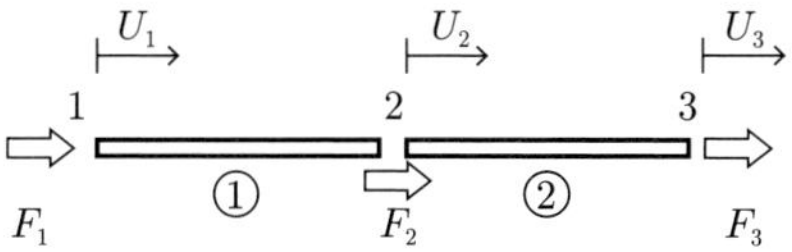

図 1.2.4　2 本の部材による構造物

l.　全体支配方程式の解法

式 (1.2.9) の全体支配方程式に対して，先に説明した荷重条件と固定条件を全体座標系において設定することで，構造物全体の釣り合い状態がつくられる．これを連立方程式として数値計算することで未知数である変位ベクトルを求める．これより，各自由度の変形量が得られ構造物全体の変形状態が分かり，構造物の注目する部分の変形の制限値との比較検討も可能になる．

さらに構造解析の目的である部材の応力については，部材座標系において定義され，式 (1.2.5) の要素剛性方程式により求められる．この式では応力 (軸方向の荷重) を求める部材両端の変位は部材座標系であり，座標変換マトリクスを用いて全体座標系の変位に変換して式 (1.2.10) となる．

$$\{\overline{U}\} = [T]\{U\} \tag{1.2.10}$$

この式から節点 1 と 2 を両端にもつ部材の応力 N を求める式が式 (1.2.11) となる．

$$N = \{\overline{F}\} = [\overline{K}][T]\{U\} \tag{1.2.11}$$

以上のマトリクス法による骨組の構造解析や基礎となる構造力学については，参考文献 [5] が有用である．

m.　3 本部材トラス構造の例題

これまでは棒材と呼んでいた部材は，軸力のみを伝達する接合条件 (ピン接合) により骨組構造としてのトラスと考えることができる．そこで例題として，図 1.2.5 に示す 3 本部材のトラス構造に対して，全体支配方程式を考える．このトラス構造は全体座標系において，節点 1 と 2 が XY 方向にピン支持として固定されており，節点 3 に X 方向の $3P$ の荷重が作用している．3 本の部材は共通のヤング率 E と断面積 A をもち，部材の長さは図に示すとおりである．構造物全体としては 3 つの節点があり，1 つの節点に XY 方向の 2 自由度があるため全体としては 6 自由度 $(U_{X_1}, U_{Y_1}, U_{X_2}, U_{Y_2}, U_{X_3}, U_{Y_3})$ となる．

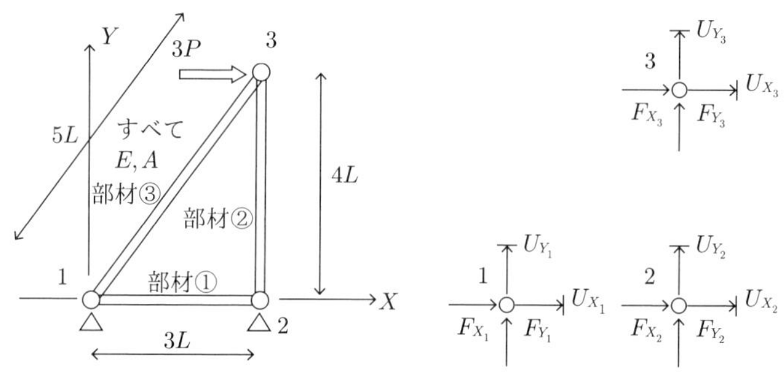

図 **1.2.5**　3 本のトラス部材による構造

n.　トラス例題の支配方程式

部材①，②，③の部材剛性方程式は，座標変換マトリクスを用いて全体座標系

で表すと式 (1.2.12) となる．

部材① (1–2)

$$\begin{Bmatrix} F_{X_1} \\ F_{Y_1} \\ F_{X_2} \\ F_{Y_2} \end{Bmatrix} = \begin{bmatrix} 1 & 0 & -1 & 0 \\ 0 & 0 & 0 & 0 \\ -1 & 0 & 1 & 0 \\ 0 & 0 & 0 & 0 \end{bmatrix} \frac{EA}{3L} \begin{Bmatrix} U_{X_1} \\ U_{Y_1} \\ U_{X_2} \\ U_{Y_2} \end{Bmatrix}$$

部材② (2–3)

$$\begin{Bmatrix} F_{X_2} \\ F_{Y_2} \\ F_{X_3} \\ F_{Y_3} \end{Bmatrix} = \begin{bmatrix} 0 & 0 & 0 & 0 \\ 0 & 1 & 0 & -1 \\ 0 & 0 & 0 & 0 \\ 0 & -1 & 0 & 1 \end{bmatrix} \frac{EA}{4L} \begin{Bmatrix} U_{X_2} \\ U_{Y_2} \\ U_{X_3} \\ U_{Y_3} \end{Bmatrix} \tag{1.2.12}$$

部材③ (1–3)

$$\begin{Bmatrix} F_{X_1} \\ F_{Y_1} \\ F_{X_3} \\ F_{Y_3} \end{Bmatrix} = \begin{bmatrix} 9 & 12 & -9 & -12 \\ 12 & 16 & -12 & -16 \\ -9 & -12 & 9 & 12 \\ -12 & -16 & 12 & 16 \end{bmatrix} \frac{EA}{125L} \begin{Bmatrix} U_{X_1} \\ U_{Y_1} \\ U_{X_3} \\ U_{Y_3} \end{Bmatrix}$$

これらを統合した全体支配方程式は，式 (1.2.13) となる．

$$\begin{Bmatrix} F_{X_1} \\ F_{Y_1} \\ F_{X_2} \\ F_{Y_2} \\ F_{X_3} \\ F_{Y_3} \end{Bmatrix} = \begin{bmatrix} \frac{9}{125}+\frac{1}{3} & \frac{12}{125} & -\frac{1}{3} & 0 & -\frac{9}{125} & -\frac{12}{125} \\ \frac{12}{125} & \frac{16}{125} & 0 & 0 & -\frac{12}{125} & -\frac{16}{125} \\ -\frac{1}{3} & 0 & \frac{1}{3} & 0 & 0 & 0 \\ 0 & 0 & 0 & \frac{1}{4} & 0 & -\frac{1}{4} \\ -\frac{9}{125} & -\frac{12}{125} & 0 & 0 & \frac{9}{125} & \frac{12}{125} \\ -\frac{12}{125} & -\frac{16}{125} & 0 & -\frac{1}{4} & \frac{12}{125} & \frac{16}{125}+\frac{1}{4} \end{bmatrix} \frac{EA}{L} \begin{Bmatrix} U_{X_1} \\ U_{Y_1} \\ U_{X_2} \\ U_{Y_2} \\ U_{X_3} \\ U_{Y_3} \end{Bmatrix} \tag{1.2.13}$$

これに荷重条件と固定条件を考慮すると，解くべき連立方程式は式 (1.2.14) となる．

$$\begin{Bmatrix} F_{X_3} \\ F_{Y_3} \end{Bmatrix} = \begin{Bmatrix} 3P \\ 0 \end{Bmatrix} = \begin{bmatrix} \frac{9}{125} & \frac{12}{125} \\ \frac{12}{125} & \frac{16}{125}+\frac{1}{4} \end{bmatrix} \frac{EA}{L} \begin{Bmatrix} U_{X_3} \\ U_{Y_3} \end{Bmatrix} \tag{1.2.14}$$

これを計算手順としては，剛性マトリクスの逆行列を求めて解くと，未知数であ

る節点 3 の変位は,

$$U_2 = \frac{63PL}{EA}, \quad U_3 = -\frac{16PL}{EA}$$

となる.

最後に, 式 (1.2.11) より部材の応力を求めると, 部材③1–3 が $5P$ で部材②2–3 が $4P$ となる. これは節点 3 の釣り合い状態から考えても妥当な解となる.

以上の計算手順は, マトリクス法の基本であり, 解法を手計算で確認して, さらに演習として, 別の形状のトラス構造に対しても計算してみてほしい.

1.2.2 エネルギー原理による有限要素法

a. 釣り合い式からエネルギー原理への拡張

前項の説明では単純なバネのフックの法則を力の釣り合い式として用いて, 棒材によるトラス構造物に対して, 有限要素解析で用いる全体支配方程式を導いた. その際, 荷重と変形を用いて定式化を行ったが, そこではバネのような単純な力学関係を前提としていた.

しかし構造物は棒状部材による骨組構造だけでなく, 曲面によるシェル構造や任意立体のソリッド構造などがあり, 単純なバネの荷重と変形より複雑な力学状態に基づいて全体支配方程式を求める必要がある. そこで, より一般的な力学量として物理学の「仕事」を用いることにする. 図 1.2.6 に示すように物体に力 F を与えて移動 U が生じたとき仕事 W は $F \times U$ として定義され, これがバネの荷重 F と変位 U に対応すると考えられる. さらにこの仕事をする能力をエネルギーという. この仕事とエネルギーの関係すなわちエネルギー原理を用いることで, 複雑な状態にある構造物の力学現象を合理的に記述することが可能となる.

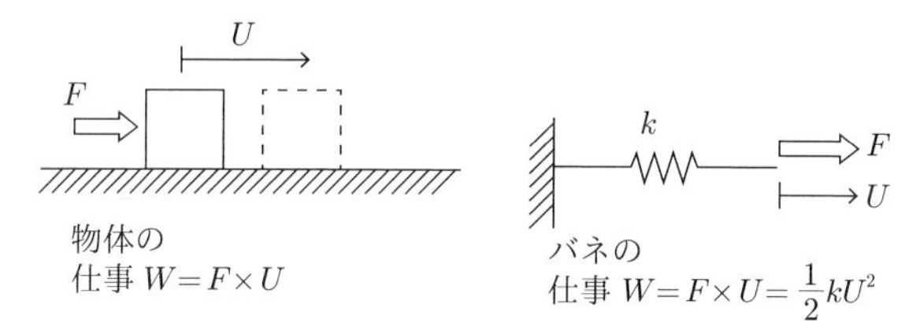

図 1.2.6 力学現象での仕事

b. エネルギー原理への拡張の目的

単純なバネモデルやトラス構造の場合には, フックの法則を拡張することで有

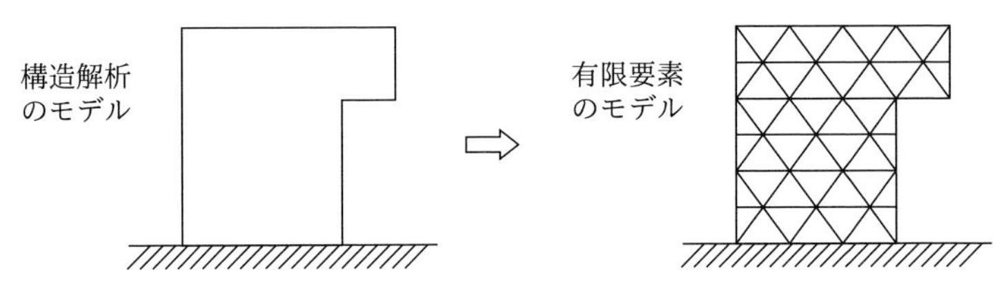

図 1.2.7　有限要素による構造物の離散化

限要素法の支配方程式を導くことができた．しかし現実の構造物では複雑な 3 次元形状に複雑な境界条件が与えられ，単純な 1 次元の棒材のような力学モデルだけでは対応できない．そこで，複雑な構造物の全体形状を 2 次元や 3 次元の単純な部分形状に分割すること，つまり「離散化」が必要となる．そして部分形状の定式化可能な力学特性を統合することで，構造物全体の力学的挙動を分析する考え方を，図 1.2.7 に示すように，分割された単純な部分形状を有限要素と呼ぶことから「有限要素法解析」という．

c.　最小ポテンシャルエネルギーの原理

すべての構造物の力学現象は，力学的エネルギー保存の法則のもとで成り立っており，構造力学で扱う力の釣り合いもエネルギー保存則の単純化した結果と考えることができる．ここでは，最小ポテンシャルエネルギーの原理を用いて，先に説明したトラス構造物に対する全体支配方程式を導くことを目指す．なおポテンシャルエネルギーとは，荷重や変形によって力学的な変化が生じた結果として構造物がもつエネルギーのことである．

構造解析の目的は構造物の安全性の確認であり，言い換えれば想定される荷重に対して構造物が変形し応力が生じながらも，安定した状態に留まる釣り合い条件での変形や応力を求めることである．これをエネルギー的に表現するならば，構造物に荷重が作用して変形し応力が生じた状態をエネルギーで表したとき，このエネルギーが最小となる状態を求めることである．つまり荷重が作用した状態の構造物におけるポテンシャルエネルギーの最小値を求める条件 (数学的にいえば変分原理における停留条件，例えば微分が 0 になる) によって，構造物の釣り合い式が求められる．

d.　荷重と変形によるエネルギー

説明を簡単にするために，図 1.2.8 に示す 1 本の棒材についてポテンシャルエネルギー Π を求め，その最小値を求める停留条件によって釣り合い式を求める．棒材は剛性 K をもち，節点 1 は固定され節点 2 に荷重 P が水平に作用し変位 U

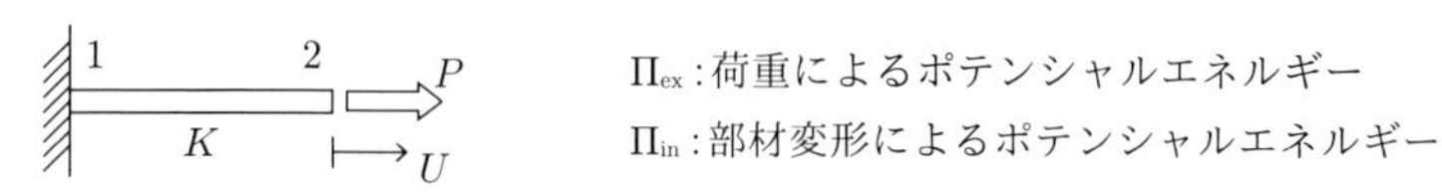

図 **1.2.8**　棒材のポテンシャルエネルギー : Π_{ex} と Π_{in}

が生じている．

構造物全体のポテンシャルエネルギー Π_{all} は，荷重つまり外部作用によるポテンシャルエネルギー $\Pi_{ex} = -P \times U$ と変形による部材内部のポテンシャルエネルギー $\Pi_{in} = K \times U^2/2$ の 2 つから構成される．

この全体のポテンシャルエネルギー Π_{all} を停留条件として U で微分した結果が 0 になる場合には，式 (1.2.15) に示すように $KU = P$ となり，フックの法則が求められる．

$$\Pi_{all} = \Pi_{ex} + \Pi_{in} = -P \times U + \frac{1}{2}KU^2$$
$$\frac{\partial \Pi_{all}}{\partial U} = -P + KU = 0 \quad \rightarrow \quad P = K \cdot U \tag{1.2.15}$$

e.　実用的な複雑形状の解析への展開

単純な形状であれば構造物全体を数学的な定式化のみで記述できるが，実践的な複雑形状の場合には有限要素による分割が不可欠となる．このため有限要素解析では単純な形状の有限要素に対して要素剛性方程式をつくり，すべての要素の方程式を統合することによって全体支配方程式をつくる．

有限要素は構造物を細かく分割してつくられており，構造物の形状や特性に応じて 2 次元や 3 次元の単純な形状となるが，構造物全体の部分的な特性を表現す

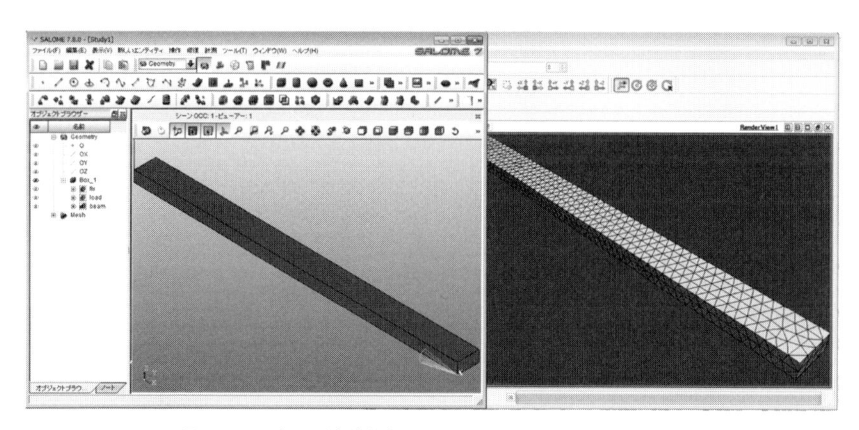

図 **1.2.9**　有限要素法解析システムでのメッシュの自動作成

るものである．これより単位断面積あたりの応力である応力度 σ や単位長さあたりの変形である歪度 ε を元にして，フックの法則を基本として有限要素の要素剛性方程式をつくる．

この構造物を有限要素に分割した状態が，単純な四角形や三角形の網目に見えることから「メッシュ」と呼ぶことが多く，有限要素解析の最初の作業となる．これまで小規模の場合にはメッシュ作成は手作業で行われていたが，図 1.2.9 に示すように，最近では任意形状に対して三角形を用いた自動分割技術が確立しており，コンピュータによる自動化も可能である．

f.　エネルギー原理による支配方程式

エネルギーの概念を導入することにより，複雑な状態にある構造物に対しても釣り合い状態が求められるようになった．先の例では最小ポテンシャルエネルギーの原理を用いてフックの法則が導出されたが，同様なエネルギーに基づいた考え方として「仮想仕事の原理」がある．これは構造物が釣り合い状態にあるとき，任意の仮想変位による応力と荷重によるそれぞれの仮想仕事が等しいことを表す原理であり，構造力学の釣り合い式と等価な意味をもっている．

物理的な意味としては，構造物が安定した状態にあるとき，変形により生じた内部エネルギーは最小になり，このときの応力度や歪度の分布も最小となる．有限要素法の変位法での基本原理となる．

g.　離散化モデルと連続体モデル

先の説明ではバネ構造や骨組構造などの離散化モデルを対象として，棒材をトラス部材として扱ったが今後は説明を統一するためにトラス要素と呼び，これに曲げ剛性を考えたビーム要素も有限要素法による骨組解析として広く利用されている．また厚さが小さい板材に対しては曲面にも対応するシェル要素も，薄板構造の解析に活用されている．これらの構造形態の特徴に対応した要素を構造要素と呼んでいる．これらは比較的に要素数が少なくても複雑な構造物を表現できることから，計算コストを抑えることが可能である．

一方で構造形態を限定せず任意の連続体モデルを対象として，小さな単純形状で分割するソリッド要素は狭義の有限要素ともいえる．構造物の任意形状に対して小さなソリッド要素を多数用いる自動メッシュが多く用いられているが，十分な解析精度を得るためにはきわめて多くの有限要素を用いる必要があり解析時間や必要メモリなどの計算コストが大きくなる傾向がある．そのため構造解析の対象形状や注目現象を十分に考慮して，構造要素や有限要素の選択や要素寸法の設定を行う必要がある．

h.　3 次元連続体モデルの有限要素

構造解析の対象は，通常は 3 次元空間にあり 3 次元連続体モデルとなる．これを単純な 3 次元形状の有限要素に分割するが，一般的には図 1.2.10 に示すような以下の 2 種類を用いる．なお 2 次元問題となる場合やシェル構造物の場合には，三角形や四角形の 2 次元図形でメッシュを作成することもある．

- 四面体要素：三角形 4 枚で構成され，頂点が 4 つ
- 六面体要素：四角形 6 枚で構成され，頂点が 8 つ

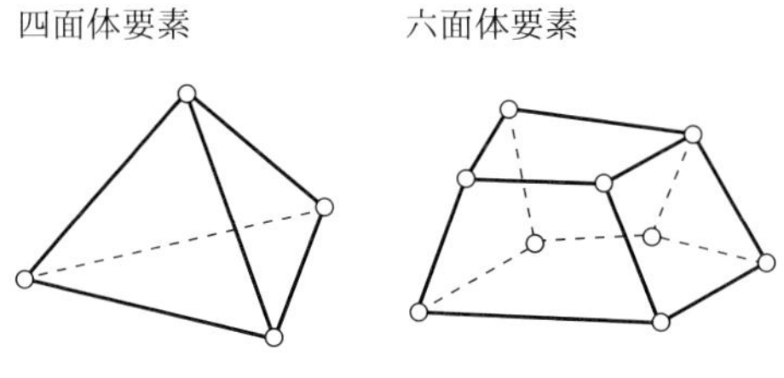

図 **1.2.10**　一般に用いられる 2 つの有限要素

コンピュータによる構造解析では自動メッシュ作成を利用できる．本書で用いる解析システムでは複雑な任意形状であっても三角形で構成された四面体要素であれば自動処理が可能であるが，六面体要素は完全な自動処理が難しいため以下の説明は四面体要素を用いる．ただし少ない要素数で解析精度を確保するためには六面体要素が有利だと知られており，解析コストと精度やメッシュ分割の手間などを総合的に考慮して設定する必要がある．

i.　1 次要素・2 次要素とアスペクト比

有限要素を用いて構造解析を行う場合，十分に小さな要素を多数用いてメッシュをつくることで十分な解析精度を確保できるが，当然に要素数に対応した計算コストが必要となるため必要最小限に留めることが望まれる．

有限要素では要素を構成する節点における情報を用いて要素の力学的な状態を記述するため，節点が多いほどに解析精度の向上が期待される．最も基本となる図 1.2.10 に示した要素は，立体図形の頂点にのみ節点がある要素であり「1 次要素」と呼ばれる．解析精度を向上させるためには，有限要素の立体の辺上に節点を追加した図 1.2.11 に示す「2 次要素」を用いることが有効である．これは立体の辺上に両端と追加した 1 点の計 3 つの節点があり，要素の特性を正確に表現す

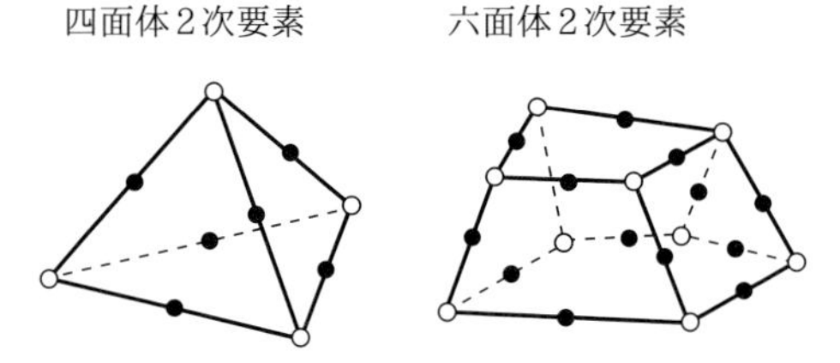

図 1.2.11 2 次の有限要素：四面体要素と六面体要素

る2次関数を定義できることが理由である．

また立体を構成する面の三角形や四角形についても，正三角形や正方形などの頂点の角度が均一な場合に解析精度を確保しやすく，極端な鋭角をもつ形状などアスペクト比が大きな場合には精度が悪くなるため注意が必要である．

j. 平面問題における有限要素法

連続体モデルの簡単な例として，2次元三角形の3節点1次要素の定式化を説明するため，構造物としては薄板の面内に作用する荷重による平面応力問題を想定する．まず2次元三角形要素としては，図1.2.12に示すように節点 $1, 2, 3$ をもつ状態を考える．

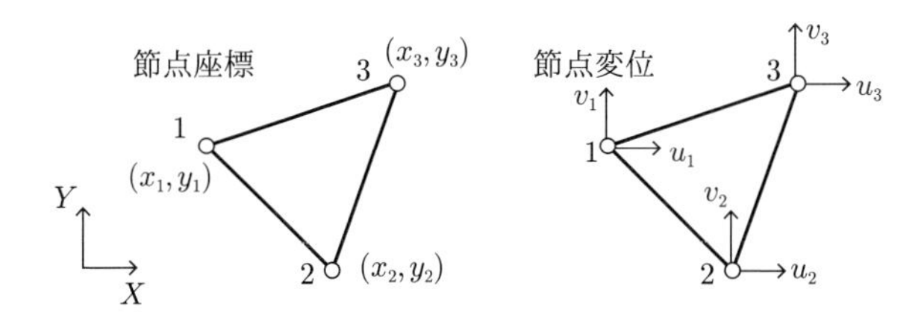

図 1.2.12 2 次元三角形の 3 節点 1 次要素

トラス要素が，両端の節点で荷重を受け要素内部で応力とひずみが一定であることを前提としたように，この三角形要素においても同様の仮定で考える．これは三角形要素内で変位が1次関数として仮定してひずみが一定となることを表すが，連続体の場合は一般的な性質ではなく，有限要素を十分小さくした場合にできる仮定である．

k. 要素内の変形を表す形状関数 $\boldsymbol{N}$ マトリクス

エネルギー原理では要素のエネルギーを計算するときに積分を用いており，要素の内部状態を節点情報から定める関数が必要となる．例えば要素の節点の変位から要素内部の変位を定める関数を「変位関数」と呼び，三角形要素の場合の節点 1 では定数 A, B, C を用いて，節点座標 xy から節点変位 u, v を 1 次関数で表すと，節点 1 (x_1, y_1) の変位 (u_1, v_1) に対して，

$$
\begin{aligned}
u_1 &= u(x_1, y_1) = Au + Bu \cdot x_1 + Cu \cdot y_1 \\
v_1 &= v(x_1, y_1) = Av + Bv \cdot x_1 + Cv \cdot y_1
\end{aligned}
\tag{1.2.16}
$$

となる．節点 1 の式 (1.2.16) と同様に節点 2 と 3 の変位関数を作成し，これらを合わせてマトリクス表記して連立方程式の形にする．この方程式を解いて定数 A, B, C を節点座標 xy で表す式を求めると三角形要素の面積 Δ や節点変位 u, v と節点座標の係数を用いて式 (1.2.17) となる．

$$
\begin{Bmatrix} u_1 \\ u_2 \\ u_3 \end{Bmatrix} = \begin{bmatrix} 1 & x_1 & y_1 \\ 1 & x_2 & y_2 \\ 1 & x_3 & y_3 \end{bmatrix} \begin{Bmatrix} Au \\ Bu \\ Cu \end{Bmatrix}, \qquad \begin{Bmatrix} v_1 \\ v_2 \\ v_3 \end{Bmatrix} = \begin{bmatrix} 1 & x_1 & y_1 \\ 1 & x_2 & y_2 \\ 1 & x_3 & y_3 \end{bmatrix} \begin{Bmatrix} Av \\ Bv \\ Cv \end{Bmatrix}
$$

$$
\begin{aligned}
\begin{bmatrix} 1 & x_1 & y_1 \\ 1 & x_2 & y_2 \\ 1 & x_3 & y_3 \end{bmatrix}^{-1} &= \frac{1}{2\Delta} \begin{bmatrix} x_2 y_3 - x_3 y_2 & x_3 y_1 - x_1 y_3 & x_1 y_2 - x_2 y_1 \\ y_2 - y_3 & y_3 - y_1 & y_1 - y_2 \\ x_3 - x_2 & x_1 - x_3 & x_2 - x_1 \end{bmatrix} \\
&= \frac{1}{2\Delta} \begin{bmatrix} a_1 & a_2 & a_3 \\ b_1 & b_2 & b_3 \\ c_1 & c_2 & c_3 \end{bmatrix}, \qquad \Delta = \frac{1}{2} \begin{vmatrix} 1 & x_1 & y_1 \\ 1 & x_2 & y_2 \\ 11 & x_3 & y_3 \end{vmatrix}
\end{aligned}
$$

任意の点 (x, y) に対して

$$
\begin{aligned}
u = u(x, y) &= Au + Bu \cdot x + Cu \cdot y = \begin{Bmatrix} 1 & x & y \end{Bmatrix} \begin{Bmatrix} Au \\ Bu \\ Cu \end{Bmatrix} \\
&= \begin{Bmatrix} 1 & x & y \end{Bmatrix} \begin{bmatrix} 1 & x_1 & y_1 \\ 1 & x_2 & y_2 \\ 1 & x_3 & y_3 \end{bmatrix}^{-1} \begin{Bmatrix} u_1 \\ u_2 \\ u_3 \end{Bmatrix} \\
&= \begin{Bmatrix} 1 & x & y \end{Bmatrix} \frac{1}{2\Delta} \begin{bmatrix} a_1 & a_2 & a_3 \\ b_1 & b_2 & b_3 \\ c_1 & c_2 & c_3 \end{bmatrix} \begin{Bmatrix} u_1 \\ u_2 \\ u_3 \end{Bmatrix}
\end{aligned}
$$

同様に，

$$v = v(x,y)\begin{Bmatrix}1 & x & y\end{Bmatrix}\frac{1}{2\Delta}\begin{bmatrix}a_1 & a_2 & a_3\\ b_1 & b_2 & b_3\\ c_1 & c_2 & c_3\end{bmatrix}\begin{Bmatrix}v_1\\ v_2\\ v_3\end{Bmatrix} \tag{1.2.17}$$

これを変位関数の式 (1.2.16) に代入して，節点変位から要素内部の変位を表す形状関数 $\boldsymbol{N}$ の式 (1.2.18) を得る．

$$\begin{Bmatrix}u(x,y)\\ v(x,y)\end{Bmatrix} = \boldsymbol{N}(x,y)\begin{Bmatrix}u_1\\ v_1\\ u_2\\ v_2\\ u_3\\ v_3\end{Bmatrix}$$

形状関数 $\boldsymbol{N}(x,y)$

$$= \frac{1}{2\Delta}\begin{bmatrix}a_1+b_1x+c_1y & 0 & a_2+b_2x+c_2y & 0 & a_3+b_3x+c_3y & 0\\ 0 & a_1+b_1x+c_1y & 0 & a_2+b_2x+c_2y & 0 & a_3+b_3x+c_3y\end{bmatrix} \tag{1.2.18}$$

l. 要素内の歪度を表す $\boldsymbol{B}$ マトリクス

有限要素解析では有限要素の歪度を用いて要素内部のエネルギーを計算する．平面問題における材料力学より，ある位置の微小要素における変位 u, v から歪度成分 $\varepsilon_x, \varepsilon_y, \gamma_{xy}$ は式 (1.2.19) となる．

$$\begin{Bmatrix}\varepsilon_x(x,y)\\ \varepsilon_y(x,y)\\ \gamma_{xy}(x,y)\end{Bmatrix} = \begin{Bmatrix}\frac{\partial u}{\partial x}\\ \frac{\partial v}{\partial y}\\ \frac{\partial u}{\partial y}+\frac{\partial v}{\partial x}\end{Bmatrix} = \begin{bmatrix}\frac{\partial}{\partial x} & 0\\ 0 & \frac{\partial}{\partial y}\\ \frac{\partial}{\partial y} & \frac{\partial}{\partial x}\end{bmatrix}\begin{Bmatrix}u(x,y)\\ v(x,y)\end{Bmatrix} \tag{1.2.19}$$

これに要素内部の変位を表す形状関数の式 (1.2.18) を代入すると，節点変位から要素内部の歪度を求める式 (1.2.20) が得られ，この関係における係数マトリクスを $\boldsymbol{B}$ マトリクスと呼ぶ．

$$\begin{Bmatrix} \varepsilon_x(x,y) \\ \varepsilon_y(x,y) \\ \gamma_{xy}(x,y) \end{Bmatrix} = \boldsymbol{B} \begin{Bmatrix} u_1 \\ v_1 \\ u_2 \\ v_2 \\ u_3 \\ v_3 \end{Bmatrix}, \qquad \boldsymbol{B} = \frac{1}{2\Delta} \begin{bmatrix} b_1 & 0 & b_2 & 0 & b_3 & 0 \\ 0 & c_1 & 0 & c_2 & 0 & c_3 \\ c_1 & b_1 & c_2 & b_2 & c_3 & b_3 \end{bmatrix} \tag{1.2.20}$$

m.　材料特性を表す $\boldsymbol{D}$ マトリクス

有限要素の内部のエネルギーを求めるためには，仕事の概念である力 $\times$ 距離を拡張して応力度 $\sigma\times$ 歪度 ε を計算する必要がある．この場合の有限要素法では，変位法として節点での変位のみが求められ，これより式 (1.2.20) で歪度 ε が求められているので，フックの法則 $\sigma = E\varepsilon$ を参考に歪度から応力度を求める．この場合に剛性にあたる構成則が，平面応力問題では式 (1.2.21) として材料力学により求められており，この関係における係数マトリクスを $\boldsymbol{D}$ マトリクスと呼ぶ．

平面応力

$$\boldsymbol{D} = \frac{E}{1-\gamma^2} \begin{bmatrix} 1 & \nu & 0 \\ \nu & 1 & 0 \\ 0 & 0 & \frac{1-\nu}{2} \end{bmatrix}$$

平面ひずみ

$$\boldsymbol{D} = \frac{E(1-\gamma)}{(1+\nu)(1-2\nu)} \begin{bmatrix} 1 & \frac{\nu}{1-\nu} & 0 \\ \frac{\nu}{1-\nu} & 1 & 0 \\ 0 & 0 & \frac{1-2\nu}{2(1-\nu)} \end{bmatrix} \tag{1.2.21}$$

これを用いて，三角要素内の応力度は節点変位から式 (1.2.22) として求められる．

$$\begin{Bmatrix} \sigma_x \\ \sigma_y \\ \tau_{xy} \end{Bmatrix} = \boldsymbol{D} \begin{Bmatrix} \varepsilon_x \\ \varepsilon_y \\ \gamma_{xy} \end{Bmatrix} \tag{1.2.22}$$

n.　仮想仕事の原理による要素剛性マトリクス

平面問題における三角形要素では，仮想変位からつくられた仮想歪度 $\varepsilon_x^* \cdot \varepsilon_y^* \cdot \gamma_{xy}^*$ と応力度 $\sigma_x \cdot \sigma_y \cdot \tau_{xy}$ からつくられる内力 (応力) による仮想仕事 W_{in} と，仮想変位 $u^* \cdot v^*$ と荷重 $P_x \cdot P_y$ からつくられる外力 (荷重) による仮想仕事 W_{ex} は，

それぞれ式 (1.2.23) のように表され，これが等しくなることが仮想仕事の原理 $W_{\mathrm{in}} = W_{\mathrm{ex}}$ となる．

$$\begin{aligned} W_{\mathrm{in}} &= \iint_S (\sigma_x \cdot \varepsilon_x^* + \sigma_y \cdot \varepsilon_y^* + \tau_{xy} \cdot \gamma_{xy}^*)\, dxdy \\ W_{\mathrm{ex}} &= P_{1x} \cdot u_1^* + P_{1y} \cdot v_1^* + P_{2x} \cdot u_2^* + P_{2y} \cdot v_2^* + P_{3x} \cdot u_3^* + P_{3y} \cdot v_3^* \end{aligned} \tag{1.2.23}$$

式を整理して，仮想変位 u^* が任意の場合に仮想仕事の原理が成立するための条件として式 (1.2.24) が導かれ，これが平面問題の三角形要素の剛性方程式となる．剛性マトリクスは $\boldsymbol{K} = \iint_S \boldsymbol{B}^{\mathrm{T}} \cdot \boldsymbol{D} \cdot \boldsymbol{B}\, dxdy$ となる．

$$\boldsymbol{K} \cdot \boldsymbol{U} = \boldsymbol{P} \tag{1.2.24}$$

以上の有限要素法の基礎理論を，Excel シートを活用して効果的に学ぶためには，参考文献 [6] が有用である．

1.3　数値解析技術の概要

a.　支配方程式のマトリクス表現

有限要素法解析では，解析対象の構造物を単純な有限要素に離散化して，その節点の変位を未知数とした全体支配方程式をつくり，これを解くことにより節点変位から要素の歪度や応力度を求める．複雑な形状を十分な精度で解くためには，十分に小さな有限要素に分割するため，多数の節点から多数の要素を配置することになり，節点の自由度に応じた多数の未知数をもつ連立方程式として全体支配方程式が記述される．

この支配方程式を扱いやすくする記述方法として，線形代数を基礎にするマトリクスやベクトルを用いることができる．連立方程式の未知数に対応する自由度の総数 (自由度数 n) に対応して，縦横に自由度数をもつ 2 次元行列の剛性マトリクスや，縦に自由度をもつ荷重ベクトルや変位ベクトルが式 (1.3.1) のように定義される．

$$\begin{Bmatrix} P_1 \\ P_2 \\ \vdots \\ P_n \end{Bmatrix} = \begin{bmatrix} K_{11} & K_{12} & \cdots & K_{1n} \\ K_{21} & K_{22} & \cdots & K_{2n} \\ \vdots & \vdots & & \vdots \\ K_{n1} & K_{n2} & \cdots & K_{nn} \end{bmatrix} \begin{Bmatrix} U_1 \\ U_2 \\ \vdots \\ U_n \end{Bmatrix} \tag{1.3.1}$$

このマトリクスによる記述方法により，多数の変数や定数に複雑な数値計算を行う有限要素法の演算を簡潔に表現することができ，単純なバネのフックの法則の類推からの理解が可能となる．

b.　マトリクス表現と連立方程式

有限要素法の全体支配方程式は，本来は仮想仕事の原理から導かれた積分などを用いた理論的な方程式であるが，自由度に対応するマトリクス表現をすることで連立方程式の形になる．構造解析の問題を連立方程式の形に表す手法は以前から提案されていたが，多数の未知数をもつ連立方程式を手計算で解くことは現実的には難しく単純な問題の解法に留まっていた．しかし近年のコンピュータの計算性能向上に伴い処理可能な未知数も著しく拡大しており，現在のスーパーコンピュータでは数十億自由度までの構造解析が実現している．本書で用いる解析システムはその超大規模解析にも対応できる解析プログラムとなっている．

一般的に自然現象や社会現象などの複雑な挙動は，多くが微分方程式として記述されるが，本書の有限要素法のような離散化手法を用いることにより連立方程式に変換することが可能である．これより解析的に解くことが難しく多数の未知数をもつ複雑な問題であっても，連立方程式に変換し，高性能なコンピュータを用いることで実用的な数値解を得ることができる．

c.　剛性マトリクスの種類と特性

有限要素法解析で用いる剛性マトリクスでは，構造力学の特性に関連した線形代数としての式 (1.3.2) に示す特徴をもつ．

- 正方行列：全体支配方程式のつくられかたから分かるように，行と列が等しく自由度数に対応する行列となり，加法や乗法の数値演算が定義される．
- 対称行列：正方行列の対角成分を軸として，上三角と下三角の対応する位置の要素が等しい行列となり，構造力学のマクスウェルの相反定理に対応する．
- 対角成分：剛性マトリクスでは対角成分が 0 ではありえず，0 では数値解析としては解けない行列となり，構造力学としては構造物の不安定状態を表す．

$$
\text{正方行列}\begin{bmatrix} a_{11} & a_{12} & \cdots & a_{1n} \\ a_{21} & a_{22} & \cdots & a_{2n} \\ \vdots & \vdots & & \vdots \\ a_{n1} & a_{n2} & \cdots & a_{nn} \end{bmatrix}
\quad
\begin{array}{ll} \text{対称行列} & a_{12} = a_{21} \cdots a_{1n} = a_{n1} \\ & a_{23} = a_{32} \cdots a_{2n} = a_{n2} \\ & \vdots \\ & a_{n-1\ n} = a_{n\ n-1} \\ \text{対角成分} & a_{11}\ a_{22}\ \cdots\ a_{nn} \end{array}
\tag{1.3.2}
$$

前節で示した有限要素法の全体支配方程式を導くための数学的な基礎知識とし

ては，ベクトルやマトリクスに対する内積・転置・逆行列・行列式などがあり，必要に応じて参考文献 [2] などを用いて復習されたい．

d.　剛性マトリクスの成分の配置

有限要素法解析において全体支配方程式を表す連立方程式は，構造の規模や複雑さに応じて多数の未知数をもつため剛性マトリクスが巨大になる．たとえ高性能コンピュータを活用しても，効率的な処理には構造解析の剛性マトリクスがもつ図 1.3.1 に示す特徴を用いた工夫が必要である．

- スパース：剛性マトリクスでは，要素がもつ節点の自由度に対してのみ成分が置かれ，離れた節点には 0 となるため，全体として疎 (スパース) 行列となる．
- バンド：対角成分は必ず非零の数値が入るが，構造物全体の節点番号を適切に設定した場合には，成分は対角成分の周辺にバンド (帯状) に配置される．
- スカイライン：バンド状の成分は対称行列となり対角成分から上下の三角形の半分に対して，図中に実線で示す部分のみが必要な成分となる．

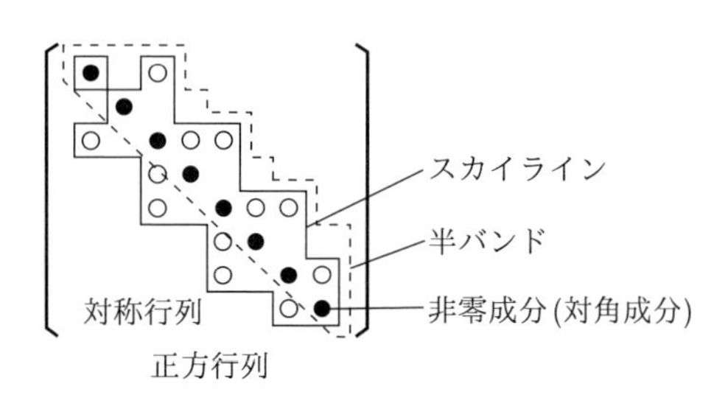

図 1.3.1　剛性マトリクスの特徴

これらの工夫によって，剛性マトリクスの記憶する成分を著しく削減できる．

e.　連立方程式の解法 (直接法と反復法，特徴と用途)

有限要素法解析の計算において，連立方程式を解くプログラム (CAE では「ソルバ」という．詳細は次章を参照) の計算時間は大きな部分を占めるため，その適切な選択によって効率的な計算が実現される．よって構造解析の問題の規模や特性に対応した連立方程式の解法を，表 1.3.1 のような特徴と条件をふまえて選択する必要がある．

それぞれに特徴があり，本解析システムにおいても，両方の種類のソルバが多数利用可能である．またこれらの連立方程式の解法に先立ち前処理として剛性マトリクスなどを修正することで，計算時間を短縮する工夫も組み込んだ解法が利

表 1.3.1 連立方程式の解法の比較

	直接法	反復法
計算方法	連立方程式の定数に対して有限回の計算手順で厳密解を得る	初期解を連立方程式に代入し繰返し計算により収束解を得る
計算量	比較的多い (問題規模の 3 乗)	比較的少ない (問題規模の 2 乗)
メモリ	多い (問題規模の 2 乗)	少ない (非零成分のみで可)
適用	様々な特性の行列に対応 (疎行列と密行列の両方)	成分の偏りで収束不可もある (疎行列で効果を発揮)
特徴	比較的小規模計算に向く	大規模並列計算に向く

用可能である.

f. 直接法による連立方程式の解法

手計算による連立方程式の解法として加減法があるが，これをマトリクス演算に対応させた「ガウスの消去法 (掃出し法)」がよく知られている．剛性マトリクスの係数行列が上三角成分のみになるように荷重ベクトルの定数項と合わせ方程式の加減より前進消去を行い，交代代入によって解を得る.

係数行列に注目した方法として LU 分解がある．これは係数行列のみを下三角行列 L と上三角行列 U に分解する方法であり，複数の定数項に対して解を求めることができ，計算量もガウスの消去法の 3 分の 1 となる．さらに係数行列の特性に着目し工夫した方法として，対角行列 D を用いた LDU 分解がある.

本書で利用する解析システムでは，これらの基本的な直接法に対して並列計算の工夫を組み込んだ以下の 2 つの解法が利用できる.

- DIRECT：ガウスの消去法に基づく手法で幅広い適用範囲をもつ解法
- MUMPS：構造解析の疎行列剛性の並列計算に特化した高性能な解法

g. 反復法による連立方程式の解法

直接法は幅広い適用範囲をもち，誤差がなければ有限回の計算で解が得られるが，計算量や使用メモリ量が大きく大規模問題の計算には制限となり，計算資源を有効に活用するためには反復法の活用が必要となる．特にスーパーコンピュータを用いた超大規模な構造解析では，先に示した剛性マトリクスがバンド状の疎行列となるため，非零成分のみを記憶する工夫のもとで反復法を用いることが多い.

数値計算の演習ではヤコビ法やガウス–ザイデル法を用いるが，実際の構造解析では実用的な解法として，逐次加速緩和法 (SOR 法) や共役勾配法 (CG 法) などが用いられる．本書で利用する解析システムでは CG 法に加え，さらに工夫された以下の 3 つの解法が利用できる．これらの利用においては直接法と異なり収束条件の設定や前処理の選択などを適切に行う必要がある.

- BiCGSTAB：CG 法の改良版に加速多項式を用いて収束性を改善した解法
- GMRES：収束の残差をクリロフ部分空間で最小化して近似解を得る解法
- GPBiCG：双共役勾配法を積型反復法により改善した上で一般化した解法

h. 非線形問題の特性

構造解析の基本はフックの法則にあって，荷重と変位の関係を調べることであり，この間の関係が正比例で直線の場合を線形問題という．なお両者の関係が直線でなく曲線であっても 1 対 1 に決まるときは弾性という．荷重が十分に小さい場合には多くの材料で両者の関係は線形となるが，実際の構造解析で対象とする現象では非線形となる場合が多い．この場合には大きく分けて 2 つの非線形性がある．

- 材料非線形：材料の特性を応力度と歪度との関係で見ると，図 1.3.2 (a) に示すように初期の直線で表される部分から限界状態を超えて大きく性状が変わる場合 (鋼) や徐々に非線形性が表れる場合 (銅) がある．
- 幾何学的非線形：構造物の変形と歪度との関係で見ると，図 1.3.2 (b) に示すように微小変形の場合には両者は線形であるが，変形がある程度大きくなって有限変形の場合には，複雑な変形状態を考慮する必要がある．

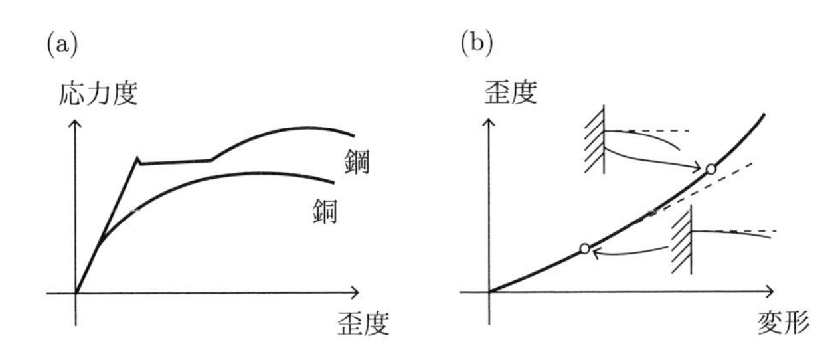

図 1.3.2　材料非線形と幾何学的非線形

i. 非線形問題の増分計算と収束計算

構造物に作用させた荷重と変位を調べる実験では，通常は目標とする荷重を細かく分割して図 1.3.3 の左に示すように段階的に荷重を作用させる．そこで非線形問題を解析する場合にも同様に段階的に荷重を与える方法を増分計算という．十分に小さな段階であれば増分範囲においては線形問題に近似できると考えて，増分ごとに構造物の状態を調べて剛性や応力を更新しながら解析を行う．なお増分させ制御する値により荷重制御と変位制御の 2 つの方法がある．

十分に小さな増分であれば線形問題に近似すると考えても，実際には非線形問

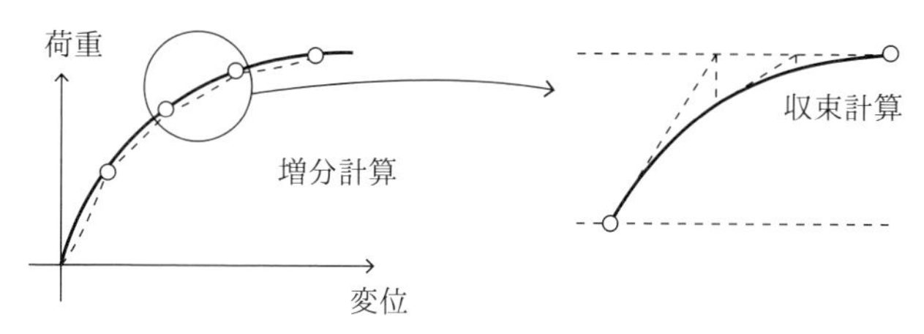

図 1.3.3 増分計算と収束計算

題の解である釣り合い状態と増分範囲の線形問題の近似解には誤差があり，これを十分に小さな値にする図 1.3.3 の右に示すような収束計算が必要となる．この場合に様々な収束計算方法があるが，代表的なものとしてはニュートン–ラプソン法があり本解析システムでも用いている．

j. 領域分割法による並列処理

複雑で大規模な構造物に対して十分な精度で構造解析を行うためには，非常に多数の有限要素を用いる必要がある．この場合に 1 組の CPU とメモリだけで計算を行うことは現実的に困難になり，近年の高性能コンピュータの発展は複数の CPU とメモリによる並列処理の活用が前提となっている．身近な PC であっても CPU に計算単位であるコアが複数実装されている．

そこで大規模な構造解析を効率よく並列処理するためには，図 1.3.4 に示すように，複数のコンピュータに計算を分割するための構造物の領域分割が必要である．本解析システムでは自動メッシュ作成機能を用いて膨大なメッシュを作成できるが，領域分割についても自動処理が可能であり METIS や Scotch などのツールが利用できる．並列処理では領域間でのコンピュータ間の通信が必要となり大きな計算ロスとなるため，適切な分割により通信量を抑える工夫や領域での計算量が均一になる分割が求められる．

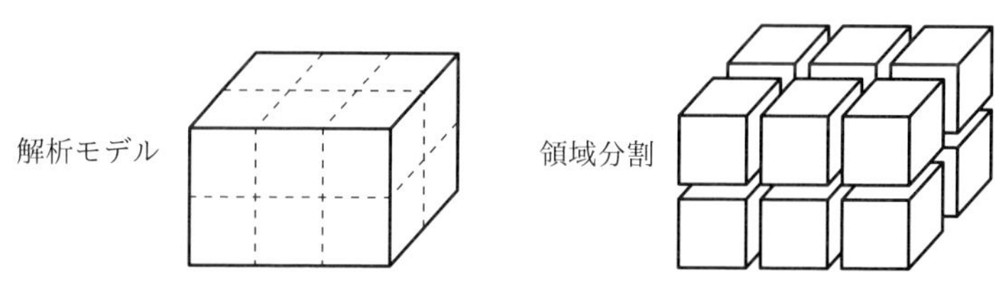

図 1.3.4 領域分割法による並列処理

k. 前処理など高度な数値解析

本章で説明した有限要素法による構造解析では，最も基本となる概念や技術のみを扱っており，高性能な解析システムを実現するためには様々な工夫が必要である．

特に連立方程式の解法は構造解析の手順で最も計算コストが大きいため，本解析システムでも大規模問題に対応した反復法について，並列処理の前提として各種の連立方程式解法の前処理を実装している．なお構造解析の構造規模や解析種類によって，連立方程式の剛性の特性が異なるため，適切な前処理とソルバを選択する必要がある．

l. 陰解法と陽解法

これまで構造解析の説明では，構造物に作用する荷重は時間に依存しない静的なものとして扱い，たとえ増分荷重であっても静的と考えた．このある状態での変位を未知数として，連立方程式を解いて解を求める手順を「陰解法」という．つまりフックの法則から導かれた全体支配方程式を用いて，変位を連立方程式として解く方法である．

一方で荷重や挙動が時間に依存する動的な問題を解く場合には，ニュートンの運動方程式から導かれた全体方程式を用いて，解析の初期状態から時間経過による荷重を時間増分に対応して与えて，連立方程式を解かずに変形だけでなく時間に関係する速度や加速度などを解く手順があり「陽解法」という．

以上の有限要素法の理論を展開して，実践的な問題解決に進む場合には，参考文献 [7] が有用である．

2

構造解析システムの構築

2.1　構造解析システムの概要

a.　構造解析 CAE システムの種類

構造解析の中心となる数値計算を行うプログラム (ソルバ) に加えて，必要となる支援ツールを組み合わせたものを CAE (Computer Aided Engineering : コンピュータ支援工学) システムと呼ぶ．かつては構造解析の研究開発の段階で利用されていたが，コンピュータの普及に伴いものづくりにおける問題解決の手段として実用化される中で，表 2.1.1 に示す様々な CAE がつくられている．

表 2.1.1　様々な CAE システム

名称	自作 CAE	商用 CAE	オープン CAE
概要	開発者自身が利用者となり，特定の問題が対象	開発者が利用者への商品として開発して販売	開発者を含むコミュニティに対して公開
特徴	限定された問題が対象 ソースコードは限定利用 範囲限定で無償利用 ノウハウは私的継承 支援ツールは限定的利用	幅広い問題に対応 ソースコードは非公開 商品として有償利用 サポートや資料が完備 充実した支援ツール完備	幅広い問題に対応 ソースコードが一般公開 再配布も含め無償利用 部分的な解説資料公開 他ツールとの連携で対応

構造解析においては，先端的な研究開発を除き自作 CAE による研究開発の段階を終えて商用 CAE の利用が一般的だが，最近では両者の特長を兼ね備えた「オープン CAE」に注目が集まっている．本書で活用する解析システムもオープン CAE のツールをオールインワンに統合したものである．

b.　構造解析 CAE システムの構成

構造解析の有限要素法の手順は第 1 章で概要を説明したが，これは連立方程式の解法を中心とする数値計算 (ソルバ) の部分であり，問題解決を実現するにはこれに加えて「前処理 (プリ)」と「後処理 (ポスト)」が必要となる．図 2.1.1 に示すような 3 つの段階を経て構造解析による CAE が実現される．各処理の概要を表 2.1.2 に示す．

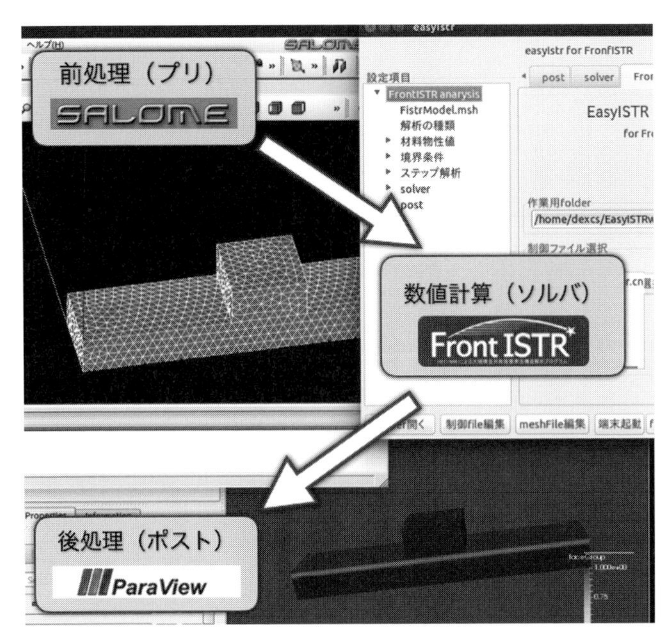

図 2.1.1　構造解析 CAE のプリ・ソルバ・ポスト

表 2.1.2　CAE のプリ・ソルバ・ポストの概要

	処理	内容
プリ	形状作成 ⇒ 格子生成 ⇒ 境界条件	CAD モデリングやメッシュ生成
ソルバ	⇒ 解析条件設定 ⇒ 解析実行	構造解析を実行し結果情報を出力
ポスト	⇒ 解析結果図化 ⇒ 評価分析	情報を抽出，評価して結果を判断

本書で扱う例題のような単純問題では，数値計算の部分での計算時間や記憶容量などのコストが比較的に大きな部分を占めるが，実際の複雑な設計問題ではむしろプリやポストの処理や検証などの操作性によってコストが著しく大きくなってしまう．よってソルバと同様にプリ・ポストも大切な CAE の機能であり，本解析システムでは実際の設計問題にも対応できることを目指したツールが組み込まれている．

商用 CAE は構造解析に必要な機能をすべて統合化したシステムとなっており，

プリ ⇒ ソルバ ⇒ ポストの処理が円滑に進むように工夫されている．一方でオープン CAE では，それぞれの処理に個別の特化したツールを用いるため，独立して利用することも可能であり，例えば商用 CAE のプリで解析情報を作成して，オープン CAE のソルバで数値計算を行い，商用 CAE に戻してポスト処理をすることも可能である．

c.　プリ処理の役割

プリ処理は，以下の手順で進める．

① 構造解析の対象となる構造物の形状を 3 次元 CAD などで作成する．

② 形状モデルを有限要素に分割するメッシュの条件を設定し自動作成する．

③ 荷重や固定などの境界条件について，対象の場所 (面，線，点) と内容を指定する．

④ 材料特性や解析条件などを設定して，数値解析に必要な情報を整える．

実際の作業の①②では，図 2.1.2 に示すように，マウスによる直感的な画面操作が必要となるが，商用 CAE では一連の処理を円滑に効率よく支援するツールが完備されており，広く普及する要因となっている．一方オープン CAE では個別の機能をもつツールの組合せが必要となるため，本解析システムでは独自の統合支援ツールを備えることで対応している．

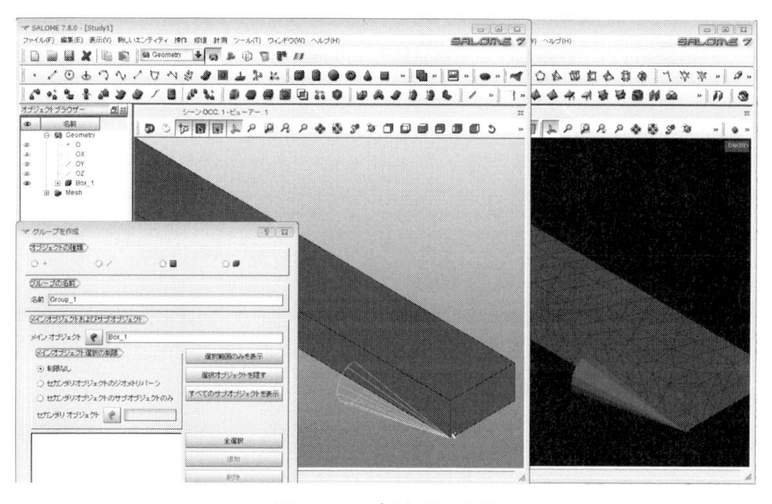

図 2.1.2　プリ処理の実例

d.　ソルバの役割

構造解析の有限要素法の中心的な処理を行うのがソルバであり，複雑な構造物に対して十分な解析精度を得るため多くの節点を有するメッシュを作成し，多数の自由度をもつ全体支配方程式を連立方程式として解くことで計算結果を得る．現在の一般的な PC でも複数コアの CPU を搭載しているので並列処理を前提と考え，本解析システムも並列処理に対応しているが，解析演習の高度化に応じて並列処理を導入してゆく．

なお並列処理では領域分割した計算の間に通信が必要となり，十分な規模の解析モデルの場合に効果が顕著になるため，解析の規模に応じて適切な方法の選択が必要である．

e.　ポスト処理の役割

ポスト処理は，以下の手順で進める．

① 有限要素解析の結果から，補足的な指標の計算や注目する結果を抽出する．

② 数値で出力された上記の結果から，分布図や変形図などを可視化表現する．

③ 注目する断面や位置の結果を抽出して，分析対象となる図表を作成する．

現在の CAE では解析結果が図 2.1.3 に示すようにカラースケールを使った分布図や変形図として表示され，定性的な変形状態や応力分布状態を感覚的に把握することが可能になっている．しかし構造解析の目的は構造物の安全性評価であり，定量的な数値の分析においては注目する値の意味や CAE の特性・制限を十分に理解してから評価を行う必要がある．特に不十分な解析条件設定では，極端

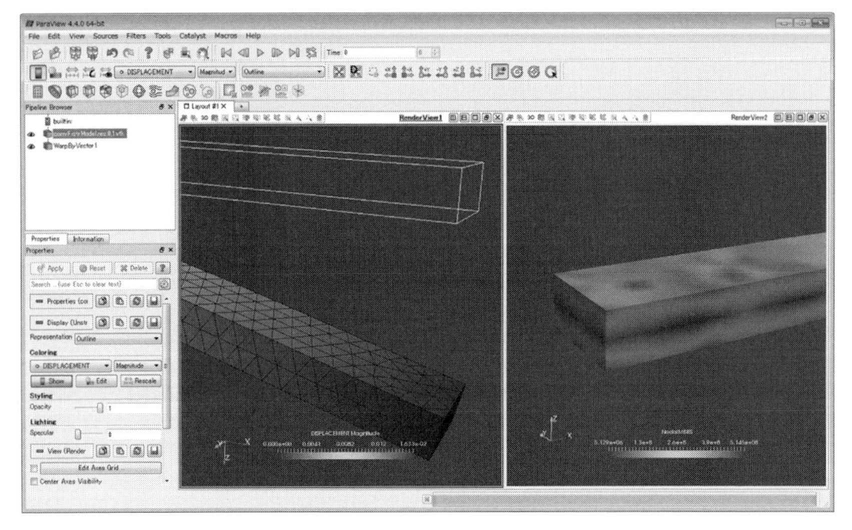

図 2.1.3　ポスト処理の実例

な応力集中や解析誤差が出る場合があり，理論解や経験値などをふまえた妥当性の検証が必須である．

f. 計算機環境の選択

本書で活用する解析システムは，Windows と Linux のいずれでもまったく同じ操作方法で構造解析を進めることができる．計算性能については大きな違いはなく，使い慣れた PC 環境で利用できる．表 2.1.3 の比較検討表を見て環境を選択されたい．本章では，大学・高専での演習を想定して利用者が多いと思われる Windows での構築手順を詳しく紹介するが，Linux での演習を希望する場合には，参考資料の「操作手順補足資料 (Operation Supplemental Manual：以後，OSM)」に従って解析環境を構築することができる (参考資料の入手方法などはまえがきを参照されたい)．

表 2.1.3　解析環境の Windows と Linux での比較

計算機環境	Windows	Linux
システム名	DEXCS※-WinXistr	DEXCS※-RDstr
構築方法	Windows に各種のツールを個別に手動でインストールする	仮想環境において Linux 上で構築された解析環境を動作させる
対象 OS	Windows 7, 10 で検証	Ubuntu 14.04 で構築

※DEXCS は著者らが展開するオープン CAE プロジェクト名で「デックス」と呼ぶ

なお Linux の場合には仮想環境上で動作させるため，Windows 上で解析環境を構築する場合に比べてメモリを多く必要として CPU も高い性能が必要となる場合がある．

g. 実践的な解析システムへの展開

本解析システムは広い対象を想定して開発されており，大学・高専での教育研究から企業技術者の設計開発までに対応している．本書を通じて得られる構造解析の知識や技術は単なる操作手順ではなく，実践的な研究開発の目的に対応する基礎技術である．

また本書の例題レベルの数千要素の小さなモデルから研究レベルの数千万要素の大きなモデルまで，構造解析で対象とする問題規模に応じて，図 2.1.4 に示すように計算機環境を大規模化することで，同じ解析情報や解析手順を用いて対応できるように設計されている．よって本書で学習した解析技術は，パソコンでの例題演習だけでなく，実践的なものづくりにおける大規模解析を，スパコンやクラウドで実現するためにも有効である．

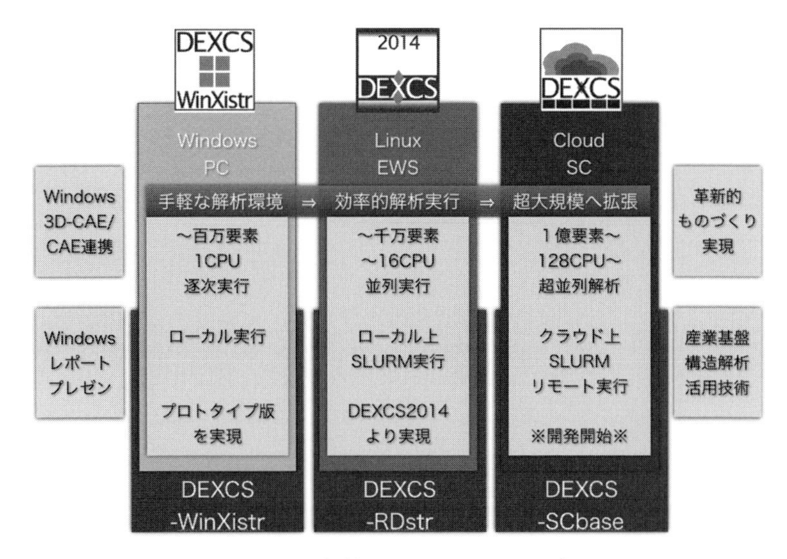

図 2.1.4　解析システムのラインナップ

h.　システム開発を目指すために

本解析システムでは，すべてのツールがオープンソースで公開されており，独自の改良や成果の再配布が自由にできる状態にある．ソルバは Fortran95 で開発されており多くの開発用資料も公開されているので，構造解析の高度な理論とプログラミングの技術を学ぶことで，解析にかかわる機能追加や性能向上が可能である．また統合支援ツールやプリ・ポスト処理ツールは Python でカスタマイズが可能であり，目的とする構造解析に特化した専用解析ツールにつくりかえることや，複雑な設定作業を自動化することも可能である．

本書で構造解析の手順を習得したのち，各自の課題に従って改良に挑戦してほしい．例えば，Fortran95 を用いて高度な有限要素法プログラミングを行う場合には，参考文献 [8] が有用である．

2.2　DEXCS-WinXistr の構築手順

a.　DEXCS-WinXistr の概要

DEXCS-WinXistr は，初心者の教育演習から専門家の研究開発までの広い構造解析の目的に対応するようにつくられ，Windows 上で直接に動作するオープン

CAE システムの 1 つである．先に説明した CAE の基本機能である「プリ・ソルバ・ポスト」は，以下に示す 3 つのオープンソースのツールで構成される．

- プリ：SALOME【フランス電力 EDF が開発公開する多機能プリシステム】
  簡易形状作成，自動メッシュ作成，境界条件設定などの図形操作を実現
- ソルバ：FrontISTR【東京大学奥田研究室で開発公開する構造解析システム】
  多彩な解析機能が各種の計算機で動作し，超大規模構造物を並列処理可能
- ポスト：ParaView【アメリカの Kitware 社が開発公開する可視化システム】
  VTK 形式データを用いて，多様な可視化表現に対応し，並列処理にも対応

これらは独立して開発されており，連携して活用するには面倒な手作業が必要となる問題があった．そこでこれらを統合化する支援システムが必要であり，DEXCS-WinXistr では以下で詳説する「EasyISTR」を活用することで効率的な構造解析を実現する．これは著者らが展開しているオープン CAE プロジェクト DEXCS (デックス) シリーズの 1 つであり，2015 年 11 月に暫定版を公開して活動を展開している．

b. DEXCS-WinXistr の構成

本解析システムは，図 2.2.1 に示すように構造解析 CAE のプリ・ソルバ・ポストの 3 つのツールの前後に統合支援ツール EasyISTR (イージー・アイスター) が機能して，必要な情報の入出力や変換を行う構成となっている．EasyISTR は CAE 技術者の藤井氏が，プログラミング言語 Python により開発した構造解析ソルバ FrontISTR 専用の統合支援ツールであり，本書で活用する DEXCS-WinXistr

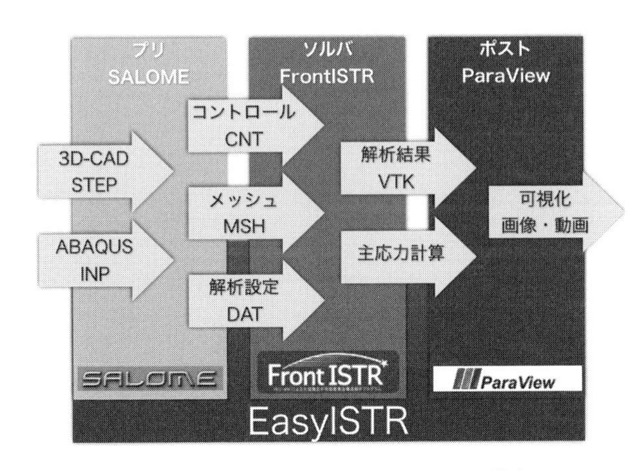

図 2.2.1 DEXCS-WinXistr のシステム構成

の操作や機能の中心となる．

プリ SALOME (サロメ) では，

① 外部 3 次元 CAD データとして STEP 形式などの形状データを受けるか独自 CAD 機能を用いて 2.1 節で説明した処理を行う．

② 汎用的なメッシュ情報 UNV 形式を作成する．

プリ処理の結果は，EasyISTR が解析実行の制御情報のコントロール用 CNT ファイル，解析形状のメッシュ MSH ファイル，解析設定の全体制御データ DAT ファイルの 3 つを作成する．EasyISTR の機能として，商用 CAE の Abaqus の入力データ INP ファイルを受けて解析形状や境界条件の情報を変換して利用できる．

ソルバ FrontISTR (フロント・アイスター) では，

① プリ処理でつくられた 3 つの入力ファイルを元にして，構造解析を実行する．

② ログ情報の LOG ファイルと解析結果の RES ファイルを出力ファイルとして保存する．

この解析結果を EasyISTR が受けて，付加的な情報として主応力情報を追加計算したあとで，ParaView 用の VTK ファイルに変換する．

ポスト ParaView (パラビュウ) では，

① VTK ファイルを受けて解析結果を可視化して，応力分布図や形状変形図などを静止画像や動画情報として出力する．

② これらを用いて，構造解析の結果を詳細に分析し評価できる．

c.　Windows 環境の選択

DEXCS-WinXistr は，現行の標準的な Windows 環境での動作を目指しているが，開発者で検証しているのは，表 2.2.1 のコンピュータ環境である．

他の Windows 環境として，Windows 8 については 64bit 版であり，基本的には動作するものと思われる．以下に示す構築手順においては，Windows のバージョン固有の違いは各自で対応されたい．

表 2.2.1　開発者が検証した DEXCS-WinXistr のコンピュータ環境

	推奨	注意
OS	Windows 7 Enterprise 64bit※	これ以前の Windows では未保証とする
	Windows 10 Enterprise	
メモリ	4 GB 以上	2 GB 以下では正常に動作しない
HDD	空容量 4 GB 以上	構築する解析システムの必要容量
		(解析結果の保存分は別途必要)

※Windows 7 32bit の場合は，DEXCS-WinXistr を構成するすべてのソフトウェアで 32bit 版が確保できないので未対応とする

なお，本書の操作手順補足資料 (OSM) においては，Windows での構築手順を補足する予定である．またこの補足資料においては，さらに発展的なクラウド環境を用いた構造解析システムも紹介する予定であり，本文中で参照が明記されていない内容に対しても補足情報を示しているので，本書の利用者には OSM の活用を勧める．

d. 解析環境の構築の概要

DEXCS-WinXistr では，個別に開発された構造解析 CAE を実現する各種のシステムやツールを，それぞれインストールして解析環境を構築する．全体を一括して導入する方法ではないが，個別のツールの更新に細かく対応することが可能である．続く説明では要点のみを示すが，導入手順の詳細解説や図解資料などは OSM を参照されたい．なおインストールでは基本的に「C:¥DEXCS」フォルダを作成しここに構造解析に必要なファイルなどをすべて集約する．

以下の作業では，Windows 以外はすべてフリー (ユーザー登録が必要な場合あり) でダウンロードできるツールのみを用いて構築している．ここで EasyISTR が表形式データを扱うときの表計算ソフトとしては，LibreOffice を用いる手順を説明するが，設定ファイルの変更により MS-Office を用いることもできる．

各ツールは本書執筆時点での最新版であり，構造解析システム全体としての動作確認が得られたバージョンとなっている．ただし Python 関連の導入では，動作するバージョンの指定があるので，最新版ではなく指定した版を利用する．なお，可能ならば，他のツールやシステムなどを導入していない初期状態に近い Windows の方が構築は成功しやすい．原則として Windows Update を行って OS は最新の状態にする．

圧縮ファイルの解凍には，最新版の展開ツール Lhaplus (v1.73) を用意する．

Lhaplus ▶ http://www7a.biglobe.ne.jp/~schezo/lpls173.exe

他には，PDF の資料を閲覧するための Adobe Reader などが必要となる．

e. Python のインストール

EasyISTR は Python 言語でつくられている．Python は下記の URL からインストールする．この Python はプログラム開発の生産性や信頼性が重視されており広く利用されている．特にオープン CAE の各種のツールでは開発やカスタマイズに活用されている．なお Python は 2 系列と 3 系列があるが EasyISTR の開発は 2 系列の Ver2.7 で進められており，最新版の 2.7.13 を用いる．

Python ▶ https://www.python.org/downloads/release/python-2713/

上記ウェブサイトの [Files] より [Windows x86 MSI installer] をクリックし，ダウンロードする．なお現状は，PyGTK が 32bit のみなので，Python も x86-64 の 64bit 版でなく 32bit (x86) を選択する．

注意　インストーラーでの設定において，Windows のパス設定を行うために，導入内容の設定で，一番下の [Add python.exe to Path] の×印を選択して，[Will be installed on local hard drive] を選択して，パスを設定する．

f. PyGTK のインストール

PyGTK は，EasyISTR のようなマウス操作可能な GUI ツールをつくるための GTK ライブラリの Python 版であり，現状は 32bit 版のみが公開されている．最新版は Ver2.24.2 だが，開発ツールの条件より導入は必ず「Ver2.24.0」を用いる．

PyGTK ▶ http://ftp.gnome.org/pub/GNOME/binaries/win32/pygtk/2.24/

上記ウェブサイトの [pygtk-all-in-one-2.24.0.win32-py2.7.msi] をダウンロードしてダブルクリックでインストーラーを実行する．すべての設定をデフォルト (既入力の初期設定) のままで [Next] でインストールを進める．

g. 補助ツールのインストール 1

DEXCS-WinXistr では，Windows の標準とは異なり構造解析で必要なツールをすべてまとめて C:¥DEXCS フォルダにインストールする．フォルダの作成手順としては，エクスプローラーを開き，ローカルディスク (C:) をクリックして，[新しいフォルダー] をクリックして，名前を「DEXCS」とする．

構造解析の主要機能を実現するシステムに対する補助ツールとして，ここではファイル確認用エディタの TeraPad とオープンソース 3 次元 CAD の FreeCAD をインストールする．

TeraPad は，EasyISTR から各種の設定ファイルを提示するときに用いる Windows 専用のエディタであり，通常のメモ帳やワードのような方法で操作できる．

TeraPad ▶ http://www5f.biglobe.ne.jp/~t-susumu/

上記ウェブサイト左上の [ソフトウェア] 欄から [TeraPad] を選択し，[ダウンロード] の最新版の [tpad109.exe (776KB)] をクリックしダウンロードをする．ダブルクリックでインストーラーを実行して進めるが，[ファイルのコピー先フォルダ] を「C:¥DEXCS¥TeraPad¥」に書き換える．

FreeCAD は，オープンソースの 3 次元 CAD であり，SALOME の簡易形状作成機能を補うツールである．複雑な解析形状を作成することが可能である．幅広い機能をもち積極的な開発が進められ，Windows/Mac/Linux などで動作する．詳しい操作方法など活用にあたっては，参考文献 [9] を参照されたい．

FreeCAD ▶ https://osdn.jp/projects/sfnet_free-cad/

上記ウェブサイトより，[その他全ファイル] ⇒ [FreeCAD Windows] ⇒ [FreeCAD 0.16] を展開する．最新版ではなく「FreeCAD-0.16.6706.f86a4e4-WIN-x64_Installer-1.exe」をダウンロードする．インストーラーファイルをクリックし，インストール先を「C:¥DEXCS¥FreeCAD」としてインストールを進める．完了したら C:¥DEXCS¥FreeCAD¥bin の「FreeCAD.exe」をダブルクリックして起動を確認したら，右クリックの [送る] よりデスクトップにショートカット「FreeCAD」を作成する．

h.　補助ツールのインストール 2

EasyISTR では，表計算形式 CSV ファイルを扱うため，ライセンスフリーで利用できる表計算ソフト LibreOffice Calc を用いる (最新版は Ver5.2.4)．

LibreOffice ▶ https://ja.libreoffice.org/download/libreoffice-fresh/

上記サイトよりメインインストーラーと組み込みヘルプをダウンロードする．まずインストーラーの [LibreOffice_5.2.4_Win_x86.msi] をダブルクリックで起動してインストールを進めるが，セットアップの種類は [標準] とする．インストール先は，システムのデフォルトとなり変更できないのでそのままインストールする．

続いてヘルプファイルの [LibreOffice_5.2.4_Win_x86_helppack_ja.msi] を先にインストールしたデフォルトの場所にインストールして，デスクトップの LibreOffice のアイコンからツールの起動を確認する．

なお解析環境を構築する Windows に，すでに MS-Office などが導入されている場合には，「q. EasyISTR の環境設定の方法」に示すファイルを手作業で修正することで対応可能である．

i.　プリ処理ツール SALOME の概要

DEXCS-WinXistr では，プリ処理ツールとして SALOME を用いる．フランス電力 EDF によって開発されオープンソースで公開されているツールである．実際には各種の機能がモジュールとして組み込まれており，ポスト処理ツールの ParaView をカスタマイズした ParaViS を含んでいる．各種のソルバに対応したプリ・ポスト統合ツールとなっている．

例えば，構造解析のオープンソースソルバである Code_Aster と統合したシステムとして Salome-Meca が公開されている．これは電力設備の設計開発を目的として開発され，機械系と建設系の両方の幅広い機能をもつ構造解析システムである．Salome-Meca は実践的な解析機能を有する有限要素法解析システムであり，具体的な活用方法については，参考文献 [10] が有用である．

本解析システムでは，マウス操作が必要なプリ処理として形状作成モジュール Geometry を用いて解析形状を作成・固定したり，荷重の境界条件を設定する位置を指定し，メッシュ作成モジュール Mesh を用いて有限要素解析のメッシュを作成する．

j.　プリ処理ツール SALOME のインストール

SALOME の最新版は Ver7.8.0 であり，ファイルサイズが非常に大きく 837 MB である．以下の手順でインストールする．

SALOME ▶ http://www.salome-platform.org/downloads/current-version

上記ウェブサイトの [Packages for Windows] の項目の中の，[binaries self-extracting archive for 64bits Windows] のリンクからダウンロードする．

ダウンロードした SALOME-7.8.0-WIN64.exe ファイルをダブルクリックし実行して，ファイル展開ツールの展開先指定 [Extract to:] を「C:¥DEXCS」に書き換えインストール (展開) する．完了したら，C:¥DEXCS¥SALOME-7.8.0-WIN64¥WORK の [run_salome.bat] で確認の起動をする．このとき，Windows から注意が出ることがあるが，了解して進めてよい．

SALOME を起動するときに, エラーメッセージ「VCOMP00.DLL がないため……」が出たら，SALOME の動作に必要な DLL ファイルを以下よりダウンロードする．

http://www.microsoft.com/ja-jp/download/details.aspx?id=14632

上記でダウンロードした vcredist_x64.exe を，指示に従いインストールする．起動できたら [File]⇒[Preference] の言語設定で [ja] を設定して，再起動で日本語表示となる．最後に右クリックの [送る] よりデスクトップにショートカット「Salome」を作成する．

k.　ポスト処理ツール ParaView の概要

ParaView はオープンソースで公開されているポスト処理の可視化ツールとして広く利用されており，構造解析の応力分布図や形状変形図を描画する機能をはじめ断面での分布図表示やデータ抽出からグラフ作成まで対応する高機能であり，流体解析や破壊解析の可視化などにも対応し，さらに工学分野だけでなく理学分野でも活用されている．詳しい操作方法など活用にあたっては，参考文献 [11] を参照されたい．

各種の入力データ形式に対応しているが，本解析システムでは EasyISTR を使って FrontISTR の解析結果を仕様が公開された ParaView の標準データ形式 VTK ファイルに変換することで連携を実現している．他にも各種の CAE データに対応しており，Windows/Mac/Linux などの様々なコンピュータ環境で動作する．

発展的な利用としては，名称からも分かるように並列処理に対応しているため，膨大な可視化データに対して複数の処理サーバーを活用して処理を行い，統合した可視化画像を生成することが可能である．またクラウド処理などのウェブ上での利用も ParaViewWeb として実現している．

l.　ポスト処理ツール ParaView のインストール

最新版は Ver5.2.0 であり，仮想環境ではなく直接 Windows にインストールする場合には，OpenGL を活用するためにこのバージョンを選択する．

ParaView ▶ http://www.paraview.org/

上記ウェブサイトの上部メニューの [Download] より，[Releases] の部分を下記のように指定する．

Version of ParaView: v5.2

Type of Download: ParaView Binary Installers

Operating System: Windows 64-bit

File to Download: ParaView-5.2.0-Qt4-OpenGL2-Windows-64bit.exe

[Download] より上記インストール用ファイルを入手して，インストール先フォルダを「C:¥DEXCS¥ParaView」に書き換えインストールする．

[スタート] メニューから ParaView の起動を確認し，デスクトップにショートカット「ParaView」を作成する．

m.　ソルバ FrontISTR の概要

FrontISTR は，国産でオープンソースとして公開されている並列有限要素法構造解析ソフトウェアである．東京大学の奥田研究室を中心に地球シミュレーター向けの GeoGEM として開発が開始され現在も積極的に研究開発が進められており，非線形解析や動的解析，接触解析など商用 CAE に迫る実践的な構造解析機能を実現している．

特徴としては，スーパーコンピュータを生かした超大規模並列処理において効率的な構造解析を実現するとともに PC での手軽な解析にも対応していることが挙げられる．また，解析ソルバは Fortran95 で開発された比較的コンパクトなソースコードにより実現しており，各種の先端的な研究開発の基盤システムとしても活用されている．FrontISTR の前身である FrontSTR については，参考文献 [12] に詳細な解説がある．

また構造解析の入力情報は，商用 CAE の Abaqus の INP 形式に似た独自形式であり EasyISTR で容易に設定できる．本解析システムでは EasyISTR の機能として INP 形式のファイルから FrontISTR の構造解析情報 (解析形状や境界条件の情報) を部分的に変換し利用できる．なお構造解析情報の詳細については，「まえがき」で紹介した「FrontISTR ユーザーマニュアル (FrontISTR User Manual：以後，FUM)」を参照されたい．

n.　ソルバ FrontISTR のインストール

最新の Ver4.5 を用いる．インストールにはユーザーアカウントを事前に取得しておく．このバージョンにより Windows 版であっても MS-MPI による並列構造解析を実現している．

FrontISTR ▶ http://www.multi.k.u-tokyo.ac.jp/FrontISTR/

上記ウェブサイトより「FrontISTR v4.5 Windows 版バイナリファイル」のインストール用 zip ファイルを入手して，FrontISTR_win64.zip を解凍した FrontISTR_win64 を用いる．

このフォルダを「C:¥DEXCS」フォルダ内に移動して名称を「FrontISTR」に変更したら，コマンドプロンプトで「C:¥DEXCS¥FrontISTR¥fistr1.exe」を実行して確認する．最初の行に「Failed to open control file」とエラー表示されれば起動は確認できる．並列処理の MPI の動作で，Windows よりセキュリティの警告が出たら許可する．

o.　統合支援ツール EasyISTR の概要

オープン CAE の各種ツールを活用して構造解析システムを実現する場合，各ツールは実践的な高機能を有するものの個別に開発されており，プリ・ソルバ・ポストの構造解析の手順では，データの設定や連携の準備や面倒なコマンド入力などの手作業が必要となる問題があった．

そこで DEXCS-WinXistr では，各種ツールの起動や詳細な条件設定をマウス操作で簡便にし著しく作業効率を高め，ツール間のデータ連携においても入出力ファイルを意識せずに効率的な作業を実現するために，ソルバ FrontISTR と SALOME・ParaView に対応した統合支援ツールである EasyISTR を組み込んでいる．これより各種ツールを統合して活用できる．

EasyISTR は汎用性の高い Python 言語で開発されているため，Windows/Linux

の OS の違いに対応する仕組みを導入して 2 つのコンピュータ環境で完全に共通な操作方法を実現している．また生産性の高いスクリプト言語である Python を用いておりカスタマイズや機能追加が容易なプログラム構成となっている．

p. 統合支援ツール EasyISTR のインストール

EasyISTR は，本書の解説に対応して最新版の Ver2.23.161127 を用いる．

EasyISTR ▶ http://opencae.gifu-nct.ac.jp/pukiwiki/index.php?AboutEasyISTR

上記ウェブサイトより EasyISTR-Ver.2.23.161127-Linux/Windows 版のパッケージファイル easyIstr-2.23.161127.tar.gz をダウンロードして，展開ツール Lhaplus にドロップして解凍するとデスクトップに「easyIstr」フォルダができるので，「C:¥DEXCS」フォルダ内に移動する．動作確認は次の手順 q. で EasyISTR の設定ファイルなどを修正してから行う．

なお EasyISTR の詳細な情報は，まえがきで説明した「EasyISTR 操作マニュアル (EasyISTR Operation Manual：以後，EOM)」として参照されたい．

q. EasyISTR の環境設定の方法

EasyISTR を利用するためには Windows の状態に応じて設定ファイルを修正する必要がある．本書の標準設定に従う場合には以下に示す手順で自動的に行うことができる．

前述の EasyISTR 公式ウェブサイトの [DEXCS-WinXistr の開発を目指した資料] の項目より，DEXCS-WinXistr 用の修正済ファイル [ModifiedFile-H281216.zip] をダウンロードし展開したら「ModifiedFile-H281216」フォルダの設定変更ツール 0-FileSet.bat をダブルクリックで実行する．なお展開したフォルダは削除する．起動確認として C:¥DEXCS¥easyIstr の easyistr.bat を実行して，確認できたらデスクトップにショートカット「easyistr」を作成する．

r. DEXCS-WinXistr の補足準備作業

DEXCS-WinXistr の作業用フォルダ「Work」と解説文書用フォルダ「Doc」を C:¥DEXCS に作成し，これらフォルダのショートカットをデスクトップにつくる．

DEXCS-WinXistr の補足解説文書 ▶

http://opencae.gifu-nct.ac.jp/pukiwiki/index.php?AboutEasyISTR

上記ウェブサイトより「DEXCS-WinXistr 補足解説文書パック」をダウンロードし，展開した 3 つの PDF ファイルを C:¥DEXCS¥Doc に置く．

さらに，本書で想定する DEXCS-WinXistr の表示画面に対応するための補助作業として，必要に応じて公式デスクトップイメージ (壁紙) とアイコンを設定する．

デスクトップイメージ・アイコンファイル ▶ C:¥DEXCS¥easyIstr¥icons
上記フォルダの画像ファイル「winxistr_back.png」を右クリックで選択して，[デスクトップの背景として設定] を選択する．

また，上記フォルダの easyIstrW.ico，salome.ico を用いて以下の手順で，ショートカットアイコンを変更する．デスクトップの各アイコンを右クリックし，[プロパティ]⇒[ショートカット] タブを見る．[アイコンの変更] を選択して，デフォルトのアイコンがないと表示され [OK] で進める．標準のアイコン一覧が出るが，上の [参照] を選択する．「C:¥DEXCS¥easyIstr¥icons」を開いて，対応するアイコンファイルを [OK] で設定する．

s. 正しく動作しない場合の対応方法

DEXCS-WinXistr の解析環境の構築において，問題が生じる場合の確認と対処の方法を以下に示すので，段階に応じて状態を検証して対応されたい．

- インストールが正しくできないとき：Windows 8 のバージョンによっては管理者権限の利用方法が異なる場合があり，本書で説明した Windows 7, 10 と同様の方法では構築ができない場合がある．その場合には用いる Windows に対応した管理者権限によって構築を進める．もし新たに解析環境を構築するならば専用の環境で不要のツールがない状態で解析環境を構築する．
- 各種ツールが正しく動作しないとき：Windows は各種のアプリケーションを導入すると付随するライブラリなども意識せずに自動的に追加する場合があるが，このときに本解析システムで必要とするツールのバージョンと異なっていると正常に動作しない場合がある．古いバージョンを削除するか，新しい Windows を利用するなどの対応が必要となる．また前後のツールの動作結果との連携を確認する．
- 構造解析で結果が正しく出ないとき：導入が正しく完了した上で構造解析を実行した場合に，結果が正しく出ないほとんどの場合は解析設定情報を誤解しているので，EasyISTR での各設定項目を確認する．メッシュ作成直前の形状データを確認して境界条件の設定を見直すことも重要である．また比較対象となる実験や理論の条件と構造解析の設定が適切に対応しているかの確認を行って正しい結果を目指す．

t. Linux ベースの DEXCS-RDstr の活用

本書で活用するオープン CAE 構造解析システム DEXCS-WinXistr は，プリ・ソルバ・ポストの各システムが Windows と Linux の両方で動作することを特徴としている．よって Linux ベースの DEXCS-RDstr でも，Windows とまったく同様の操作で共通の解析データを用いて構造解析を実現できるので，普段個人で利用している Windows 環境と研究開発用の Linux 環境の両方で，共通の手順で利用可能である．

さらには EasyISTR により「プリ・ソルバ・ポスト」の 3 つのシステムで利用する解析データは，標準的な形式で構成されているため，それぞれを部分的に交換することが容易である．例えば個人 PC の Windows 環境では解析できないような大規模な解析モデルの場合には，手元のプリ処理でつくられたデータを解析専用の高性能計算機に転送してソルバで構造解析を実行してから解析結果を戻して，再び手元でポスト処理を行うことも可能である．

特に構造解析ソルバの FrontISTR は，超大規模モデルを対象にスーパーコンピュータの超並列処理を用いて効率的に構造解析を実現することを目標に開発されており，日本最高速の京コンピュータを用いて 65536 コアによって 75 億自由度の解析を実現している．よって本書で学ぶ構造解析の知識は，パソコンからスパコンまで広く活用でき問題規模の展開に対応可能である．

3

構造解析の基本例題演習

3.1　弾性応力解析

3.1.1　弾性応力解析の目的と条件

a.　構造設計と構造力学と構造解析の関係

構造解析の最も基本となる目的は，安全な構造物を設計することである．そのためには様々な技術が必要になるが，ここでは主に教育活動の中での位置付けや基礎知識を解説する．本書の読者は主に機械系学科や建設系学科の学生と想定している．工学分野によって用語や目的，対象などが異なるものの一連の構造解析の基本となる概念は共通であり，自分が目的とする内容に読み替えて対応されたい．

■ 構造設計とは

機械構造物と建設構造物では規模や材料が異なるものの，社会の中である目的をもって設計され作製される．この目的を実現するための前提条件が設計仕様や設計図となるが，これらの情報を明確に記述することが構造設計である．設計図として対象となる構造物の形状などを表現し，設計仕様として目的となる性能や制限となる条件を定量的に提示する．

■ 構造力学とは

設計条件の中で安全性を確保するためには，構造物を構成する材料の強度を考量する必要がある．構造物の対象や形式によって要素となる比較的単純な形状に分解し，それらの力学的挙動を分析する技術が構造力学といえる．材料力学の知識も活用して様々な公式などがつくられており，問題解決の基本となる情報として活用される．

■ 構造解析とは

単純な形状の理想的な条件であれば構造力学の公式などで力学的挙動の分析は

可能となるが，実際の構造物は複雑な形状である上，複合的な条件において安全性を確保することが必要になる．そこで数値解析の技術によって構造設計の判断に必要となる力学的情報を得る手段が構造解析となる．現在はコンピュータの発達により適用範囲が著しく拡張されている．

これら 3 つの技術を習得することで，構造解析では以下に示す検証を行う．

■ 基本となる検証は弾性の静的弾性応力解析

現実の構造物に対する荷重は時間経過の中で作用しており，瞬間的な短い時間での衝突現象から長期間にわたる荷重のクリープ現象まで，広い意味での動的現象になる．しかし限られた時間範囲において荷重に対する応答の変化が大きくなく，想定した荷重に対する変形などが一定とみなせる定常現象となる場合には静的問題として扱う．さらに設計対象の構造物は設計条件の荷重に対して変形や応力などの応答を想定範囲内で収めることが必要となり，通常は材料の弾性範囲で構造物の目的を実現できるようにする．よって静的弾性応力解析が実際の構造物の設定において最も基本的な検証となる．

■ 構造解析では設計条件の検証が主目的

実際の地球上の構造物はすべて，空気や海水などの流体中に存在している．よって構造物の挙動は流体中で生じることになり，厳密にいえば流体解析と構造解析が関連する問題となる．しかし構造物の変形が十分に遅い場合や流体の抵抗が十分に小さい場合には，流体を無視して構造解析のみを実行することで挙動を分析することが可能となる．ここで流体解析では性能の追究が目標となることが多いが，構造設計に向けた構造解析では上記のとおり流体解析とは独立して，設計条件の検証のみを主目的として進めることが可能である．

■ 単純なモデル化による概算検証が必須

構造解析の結果から構造設計を行う場合に，その結果の妥当性は絶対的な条件となるが，入力データの設定作業で誤解や誤記がまぎれ込み誤った解を得ることがある．ここで注意が必要なのは，ポスト処理の形状変形図は拡大表示され実変形量ではなく変形モードとして表現されており，応力分布図は最大と最小を色分けした相対表示となっている．そのため構造設計で不可欠となる定量的評価の数値を誤解する可能性がある．そこで構造解析にはじめて取り組む対象については，公式が提示されている単純な構造物に置き換えて，荷重と材料を合わせた上で変形の桁を概算として検証することが必要である．

■ 破損や故障に対する原因と対策の検証も必要

構造設計では多くの場合に弾性応力解析で対応が可能であるが，破損や故障に対する原因の究明と対策の検証においては，実際の問題の状況を正確に再現する必要があるため，材料の弾塑性特性や荷重の時間的影響を考慮した動的解析や複数部品を組み合わせた接触条件などを考慮する必要がある．したがって本書で扱う構造解析の内容を基本にして，さらに高度な条件を複合的に考慮した解析によって問題解決を行うことになる．本書で活用する構造解析システム DEXCS-WinXistr では，これらの高度な条件による解析にも対応しており，OSM を参考に挑戦してほしい．

b. 本書での構造解析の条件

構造解析の設定に関する条件を，項目ごとに以下にまとめるので，用語の意味を確認して，設定作業を行う場合の参考情報としてほしい．

■ 線形特性と弾性特性

材料の特性として，荷重と変位の関係が直線として表される場合を線形特性というが，弾性特性では両者の関係が直線でなく曲線ではあるが 1 本の関係で表される．つまり荷重が増加するときと減少するときで荷重と変位の関係が 1 つに決まる場合を弾性という．構造材料としてはアルミニウムなどの柔らかい材料では明示的な状態の変化なく線形特性から離れて曲線になるが，弾性特性を維持している場合がある．本解析システムの弾性材料としては線形特性を前提として初期の剛性のみを設定するために荷重レベルによっては注意が必要である．

■ 弾性材料と弾塑性材料

本解析システムでは，弾性材料としては線形特性を想定して，初期剛性のみを設定するのに対し，弾塑性材料では線形特性が終わり弾塑性特性を示す複雑な状態を，複数の直線をつないで表現する．よって構造材料の引張試験などにより正確な応力度と歪度の関係を確認することで，正確な弾塑性特性を設定することが可能である．本解析システムでは代表的な構造材料の弾性特性としては初期の剛性値が用意されているが，弾塑性特性については利用者が設定することになり，何らかの情報が必要である．

■ 等方性材料と異方性材料

構造材料の特性として，金属のように微小な粒子で構成されており，荷重が作用する方向によって特性が変化しない材料を等方性材料と呼び，木材のように繊維方向に対する角度によって大きく特性が変化する材料を異方性材料と呼ぶ．現在では炭素繊維材料のように織物状になった異方性材料もあるが複数枚貼り合わせて全体として等方性に近似させることもできる．本解析システムでは，等方性材料と直交異方性を扱うことが可能であるが，本書では構造解析の基本として等方性のみを扱う．

■ 微小変形と大変形

荷重を受けた構造物が変形する場合，比較的小さな荷重におけるわずかな変形を微小変形と呼び，構造物の変形が目視で確認できるような大きな変形を大変形または有限変形と呼ぶ．これは幾何学的非線形性として変位と歪度との関係式の非線形項の有無によって区別される．簡単なたとえとして片持梁の曲げ変形のたわみにおいて，変形が大きく軸方向の変化を考慮する場合が大変形であり，材軸に直交方向のたわみのみを考えるのが微小変形となる．本解析システムでは大変形を基本として解析を行う．

■ 静的解析と動的解析

構造物の解析では，荷重などの条件が時間に依存せずに定常状態の場合を静的解析として処理し，時間に依存して変化する際の構造物の応答を求める場合を動的解析とする．例えば時刻によって不規則に変化する地震力を荷重とする場合や，きわめて短い時間で作用する衝突現象の場合には衝撃力を荷重とすることになり動的解析が必要となる．ただし実際の設計の場合には，簡易的に同等な効果を与える静的荷重に置き換えて設定する場合もある．本解析システムでは両方の解析に対応するが，本書では静的解析を中心に解説する．

■ 陰解法と陽解法

構造解析の基本方程式として，本書ではフックの法則から導かれる剛性 K と変形 U からつくられた力 F の釣り合い式 $F = KU$ に基づいて，変位を未知数として連立方程式を解く方法を用いており，これを陰解法と呼び主に静的解析に用いられる．もう 1 つの基本方程式の考え方としてニュートンの運動方程式に基づいたものがある．すなわち質量 M と加速度 A からつくられた力 F の釣り合い式 $F = MA$ を基本に減衰 C や剛性 K を含めた式を用いて，連立方程式を解かない解析手法であり，これを陽解法と呼ぶ．本解析システムでは両方の解析に対応するが，本書では陰解法を中心に解説する．

■ **Total** ラグランジェ法と **Updated** ラグランジェ法

構造解析で大変形を考える場合には，幾何学的非線形性を考慮した増分収束計算を用いる．このときに構造物全体の状態を表現する支配方程式のつくりかたとして，最初の状態を基準に方程式をつくり増分計算においても同じ方程式を使う方法をTotalラグランジェ法と呼び，増分ごとに方程式をつくり直す方法をUpdatedラグランジェ法と呼ぶ．本解析システムでは両方の手法に対応しているが，大変形などの構造物の状態が大きく変化する増分解析の場合には，方程式を更新するUpdateラグランジェ手法を選択することが望ましい．

以上の有限要素法に関する厳密な定式化については，FUMのp.2を参照されたい．

なお，以上のようなものづくりにおける有限要素法の実践的な活用を進める場合には，参考文献[13]が有用である．

3.1.2 有限要素法解析の注意点

a. 構造解析の単位

本質的に構造解析では，計算に用いる要素の中で最も中心となる剛性の単位が力と面積(長さ)でつくられているため，これを適切に設定することにより実は自由に単位を設定することが可能である．しかし，都合により単位を変化させることは入力設定において誤解を招きやすく，計算結果を共有する場合にも問題が生じやすい．また本解析システムのように，材料特性がデータベースに登録されている場合には，それに従う必要がある．

よって本書ではSI単位を用いて，まず力をN(ニュートン)で定義する．ただしNは感覚的に馴染まないため，常に重力単位系(力：kgf)との変換を意識して構造解析の設定や結果を理解することが必要である．つまり$9.8\,\mathrm{N} = 1\,\mathrm{kgf}$なので，約10Nが1kgの重さによる力になり，体重50kgの人間を荷重にすれば約500Nになる．

次に長さはm(メートル)で定義するが，ものづくりにおいては実情に合わない場面が多い．つまり機械構造物や建設構造物の場合には対象は大小様々であるが，mm単位以上の細かさで表示される機械加工においてはさらに小さな桁の数値が使われることになる．よって3次元CADにおいては通常mm単位で数値が表示されることが多いので，構造解析に形状データを活用する場合には単位の変換が必要になる．本解析システムでは形状データの[スケール変更]機能があるので，必ずメッシュ内容を確認してmm単位ならば，係数0.001としてm単位に変換してから解析を実行する．

以上のSI単位を用いると，鋼材の剛性は本解析システムのデータベースでは，

206,000,000,000 $\mathrm{N/m^2}$ (指数表示で 2.06e+11 $\mathrm{N/mm^2}$) となり，非常に桁数の多い表示となる．応力度や圧力の単位を剛性の表記に用いるので，「$\mathrm{N/m^2} = \mathrm{Pa}$」となり，さらにこれを見やすく表示するために SI 接頭辞として単位の頭に記号を付けることができる．例えば 1000 m を 1 km と表記する「k (キロ，10^3)」は普段も使われるが，「M (メガ，10^6)」や「G (ギガ，10^9)」も使われている．この表記では先の鋼材の剛性は 206 GPa となり，強度は 400 MPa と表記される．

b. 有限要素の種類と選択

本書では，構造解析の対象が実際の 3 次元空間に存在する状態を前提として扱うため，解析形状は 2 次元平面ではなく，すべて 3 次元立体として行う．このような 3 次元物体を対象とする有限要素法による構造解析では，様々な形状や条件に従って色々な有限要素を用いて対象構造物を構成することになる．本解析システムでは，図 3.1.1 に示すような下記の 5 種類の有限要素を利用できる．詳細については，FUM の p.20 を参照されたい．

- 四面体要素 (ソリッド・テトラ) ：三角形 4 面
- 六面体要素 (ソリッド・ヘキサ) ：四角形 6 面
- 五面体要素 (ソリッド・プリズム) ：三角形 2 面 + 四角形 3 面
- 三角形要素 (シェル) ：直線辺 3 本
- 四角形要素 (シェル) ：直線辺 4 本

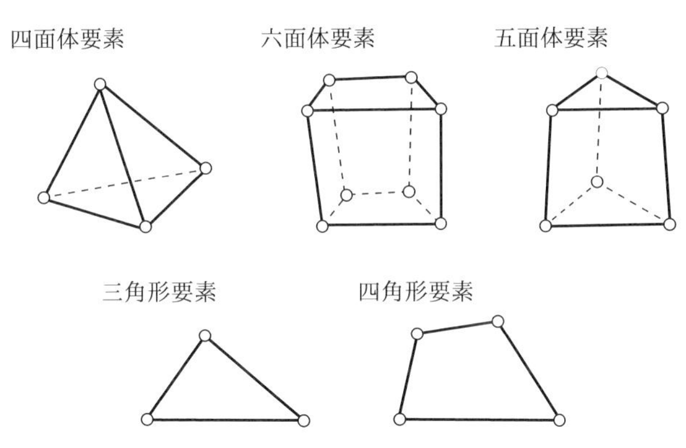

図 3.1.1 本解析システムで利用可能な有限要素

有限要素法の一般的な知見として，任意立体形状の解析対象に対して少ない要素で精度良い解析結果を得るためには六面体要素が適しているとされているが，本解析システムの自動メッシュ作成機能においては，形状分割などの事前の手作業が必要となる．また薄板によって構成された解析対象の場合には，2 次元的なシェル要素を用いることが効果的な選択となるが，同様の理由によって四角形要素による自動メッシュ作成機能には余分な手間がかかる．さらに本解析システムの自動メッシュ作成機能としては，現時点では五面体要素には対応していない．

以上の制限により，本書で扱う構造解析においては，基本的に自動メッシュ作成機能を容易に活用できることを優先して，「四面体要素 (ソリッド・テトラ)」と「三角形要素 (シェル)」の 2 つを用いて演習を行う．なお解析精度の観点からいえば，ひずみの少ない形状として四面体要素は正三角形によって構成された正四面体，三角形要素は正三角形が望ましいとされている．

この 2 つの選択においては，任意の解析形状に対してすべて四面体要素や三角形要素で分割することは可能である．しかし，薄い板部材により構成される解析形状の場合には，ソリッド要素として例えば六面体要素を用いると，図 3.1.2 (a) に示すように曲げ変形状態に対応するために薄い厚さ方向をさらに分割することになる．よって非常に小さな寸法を基準として六面体要素で広い面を分割することで，単純な板形状であっても著しく要素数が増加してしまう．

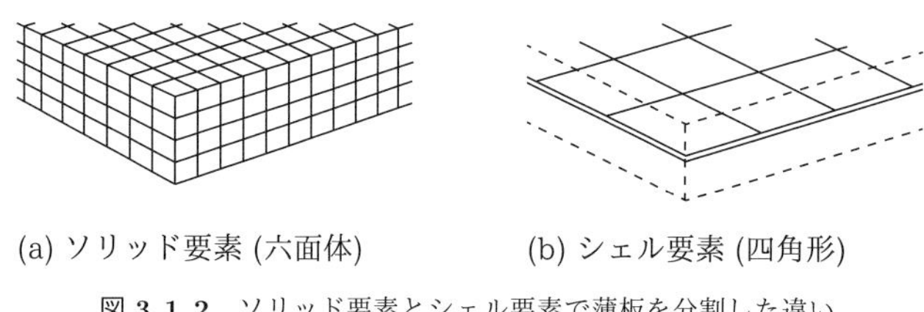

(a) ソリッド要素 (六面体)　　(b) シェル要素 (四角形)

図 3.1.2 ソリッド要素とシェル要素で薄板を分割した違い

それに対してシェル要素として四角形要素を用いることで，図 3.1.2 (b) に示すように要素数を少なくして効率的な解析が可能になり，合理的な選択となる．ただし現時点での本解析システムでは，シェル要素は対応する解析機能に制限があり，材料非線形を考慮した弾塑性解析に対応していないために，薄板で構成された構造物であっても弾塑性挙動を分析する場合にはソリッド要素の六面体要素を用いる必要がある．

さらに高度な解析としてシェル要素とソリッド要素を混在させて，解析形状により適応した有限要素を用いた解析も，機能としては可能であるが，現時点では異なる種類の要素間で変形を適合させるための条件設定の都合によりメッシュデータの単位系の制限があるため本書では扱わない．

有限要素は，形状を定義する節点の数によって区別され，本書で用いる四面体要素と三角形要素においては，図 3.1.1 に示したように，それぞれ頂点の 4 つと 3 つのみ節点をもつ要素を 1 次要素と呼ぶ．有限要素解析ではエネルギー原理により要素の状態を積分することで計算するが，このときに形状関数を定義するために節点の情報を用いるので，節点が多いとより高次の関数を用いて正確な状態が分析できることになる．そこで図 3.1.3 に示すように，各辺上の中間に節点を追加した場合を 2 次要素と呼ぶ．

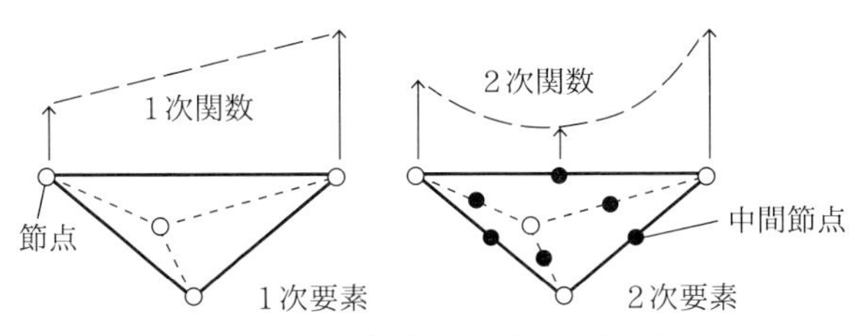

図 3.1.3 四面体要素の 1 次と 2 次の違い

有限要素解析では，メッシュによって解析結果の精度が大きく左右されるため，厳密な解析では解析形状だけでなくメッシュも同一な条件が必要となる場合がある．また本書で扱う例題のような単純な形状では，本解析システムの自動メッシュ作成機能を活用できるが，実際のものづくりで対象とされる非常に大規模で複雑な形状の場合には四面体要素でも困難になることがある．さらに大規模形状で解析精度を確保しようとすると六面体要素での分割が必要になってくる．

そのような場合には，本解析システムとは別のメッシュ作成機能を用いて，本書で説明する手順と同様な方法で必要な情報をもったメッシュを作成し，汎用なメッシュデータ形式である UNV 形式 (ユニバーサル形式) に変換することでデータを受け取ることができる．例えば高機能の商用メッシュツールを用いて六面体要素や四角形要素のメッシュを作成して，解析ソルバのみ本解析システムを利用することも可能である．

本解析システムでは自動メッシュ作成機能として Netgen を用いており，これを用いて六面体要素を作成する場合には，任意の解析形状に対して 4 つの辺で囲まれた四角形 6 つで構成する六面体によって，図 3.1.4 に示すようにあらかじめ手作業でブロックに分割しておく必要があり，複雑な形状においては非常に手間のかかる作業となる．本書を学習したのちに六面体要素を用いた高度な構造解析

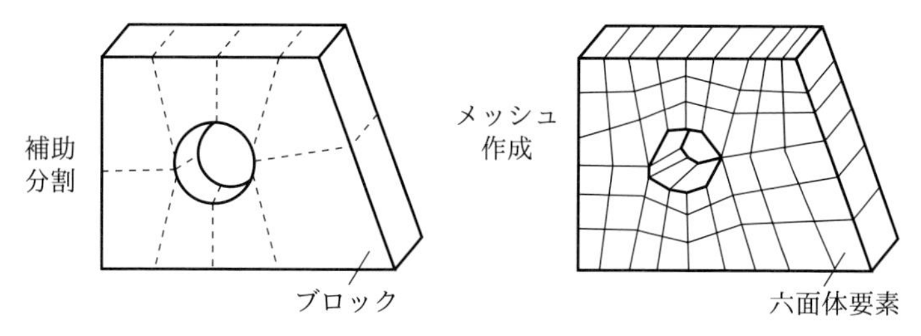

図 3.1.4　六面体要素を作成する場合の準備作業

を目指す場合には，解析形状の作成において図 3.1.4 のように補助分割を行った解析形状データを準備することで，本解析システムのメッシュ作成機能を活用できる．

なお，有限要素の詳細な解説や解析システムの開発に関しては，参考文献 [13] が有用である．

c.　固定条件と荷重条件のモデル化

有限要素解析は，数学的には微分方程式の解法の 1 つとして考えられ，境界条件を与えることで想定した条件における解を求めているが，この境界条件としては一般的な応力解析では「固定条件」と「荷重条件」の 2 種類がある．この境界条件は，図 3.1.5 に示すように解析形状の幾何学的な対象となる「点，線，面」の 3 種類から選択する．

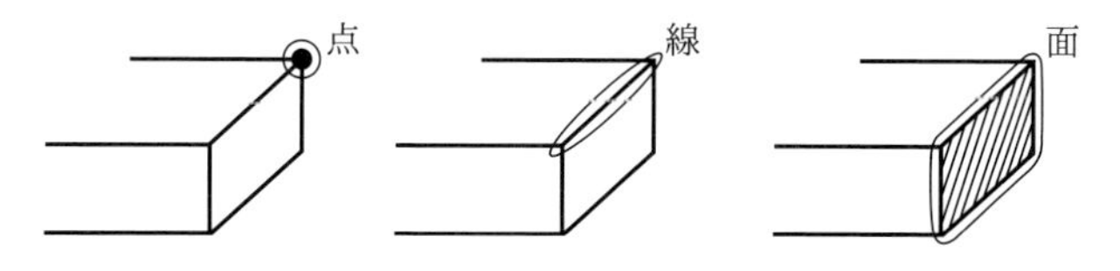

図 3.1.5　境界条件を設定する対象

境界条件を構造力学として考えると，固定条件を設定した部分には反力が生じており，これは荷重と同じ構造物の外部から作用する外力となるので，固定条件と荷重条件を境界条件として共通して扱うことは合理的である．

固定条件は，境界条件対象に含まれる節点に全体座標系の XYZ 方向の変位量をそれぞれ指定することで設定するため，XYZ 方向に変位量 0 とすると完全に固定した条件となり，他の条件として設定しない自由度の方向には移動する．なおソリッド要素の節点では，図 3.1.6 に示すように XYZ 方向の変位の自由度しかもたず回転の自由度はないため，節点 1 点のみの場合や節点が直線状に並んだ

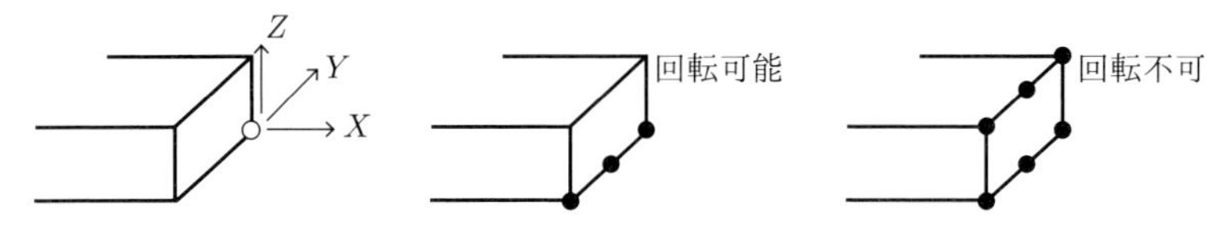

図 3.1.6 ソリッド要素での固定条件の設定の注意

線分を全方向に固定した場合でも，幾何学的には回転は自由となる．ただし 3 点以上の複数の節点が面的に分布する表面を XYZ 方向に固定した場合には，幾何学的にその面は移動も回転も不可となる固定条件となる．

なおシェル要素の場合には，図 3.1.7 に示すように三角形や四角形の面の挙動を辺上の節点で規定することになり，点や辺の節点に対して XYZ 方向の移動の固定に加えて，各軸周りの回転の固定も設定可能である．

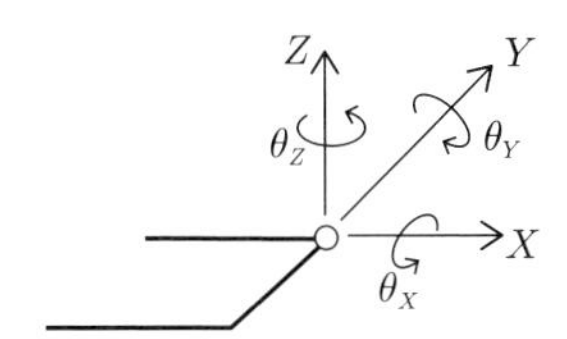

図 3.1.7 シェル要素での固定条件の設定の注意

固定条件の応用として対称条件の設定を説明する．構造解析においては，解析形状や固定条件，荷重条件，材料設定などがすべてある面に対して対称条件をもつ場合には，部分的な解析で全体の挙動を想定することが可能である．

例として図 3.1.8 に示す円管を引張る解析を考える．この場合には Z 軸周りの回転体となり，先の 4 つの条件をすべて満たす対称面はいくつか考えられるが，全体座標系の XZ 面と YZ 面の 2 つの直交する面を対称面と考えると，円管の $90°$ 分となる 4 分の 1 部分のみで解析が可能となる．この場合には，構造物の端部が対称面内で自由に変形して面外に移動できないことが対象条件となるので，XZ 面では Y 方向のみ固定，YZ 面では X 方向のみ固定となる．

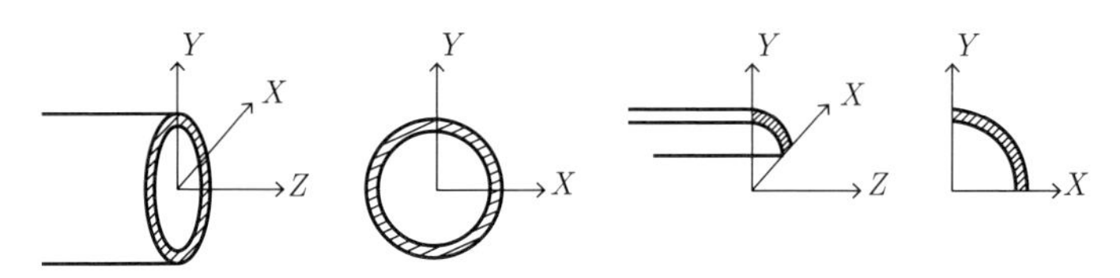

図 3.1.8 構造解析の対称条件の設定方法

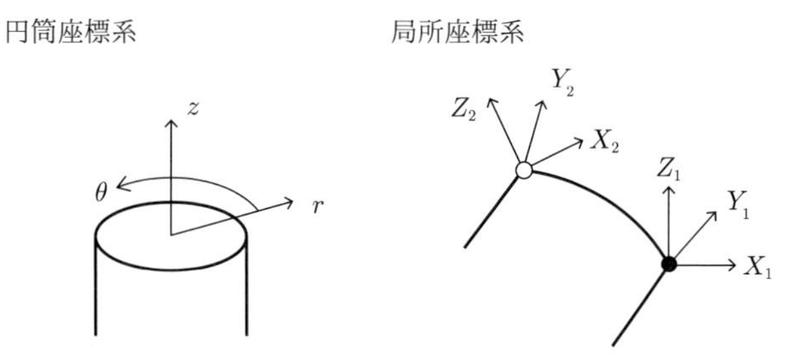

図 3.1.9　円筒座標系や傾いた面の局所座標系

上記のように 90° で分割して全体座標系と対称面が平行な場合には，簡単に境界条件が設定できるが，60° で 6 分割する場合には対称条件の設定が直交する全体座標系では行えず，図 3.1.9 に示すような円筒座標系や傾いた面の局所座標系を用いる必要がある．本解析システムの制限もあり，本書ではこれらの設定は扱わない．

固定条件の設定では，これまで変位量 0 で固定を意味していたが，この値を任意に設定することで荷重と同等の効果をもつ強制変位を設定することができる．つまり荷重条件を与える面に 1000 N 作用させて 0.01 m 変形させるのではなく，この面に固定条件として 0.01 m を強制変位で与えて同等の構造解析を行うことが可能である．例えば構造物の載荷実験においても，荷重の値を制御する場合と載荷面の変位を制御する場合があるが，この固定条件の設定は変位制御に対応し，荷重制御よりも安定した実験が可能といわれている．実は構造解析においても，数値解析として収束が難しい不安定な条件の場合には強制変位の設定が有効であるとされているので，高度な解析を行う場合には考慮してほしい．

構造力学の基本となる梁部材の力学において，固定条件として「ピン支持」・「ローラー支持」による単純支持を扱う場合が多いが，先の図 3.1.6 の説明のように梁を支える直線の固定条件を図 3.1.10 に示すように設定することで，回転が自由なピン支持とローラー支持を設定できる．

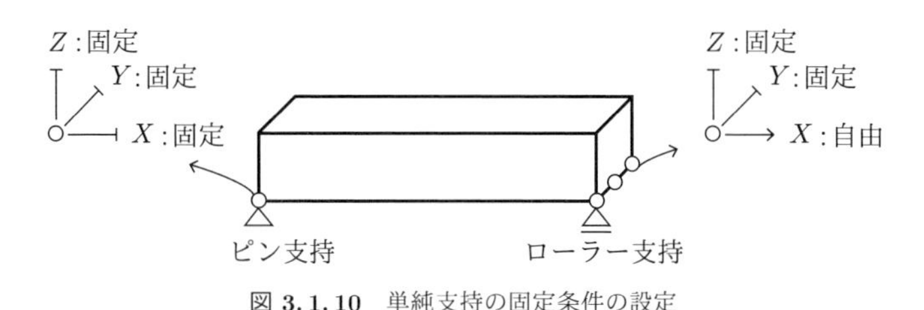

図 3.1.10　単純支持の固定条件の設定

単純支持の条件に似た形式として，簡単な梁の載荷実験では両端がローラー支持として移動可能な固定条件となり中央に載荷する曲げ実験が行われるが，現実には支持部や載荷部に摩擦があるため，水平方向には移動せずに曲げ変形が起こる．しかし有限要素解析では，図 3.1.11 に示すような移動可能な固定条件では数値計算として不安定となり解を得ることができないので，3 次元空間中で構造物の移動・回転がなく安定する固定条件を設定する必要がある．

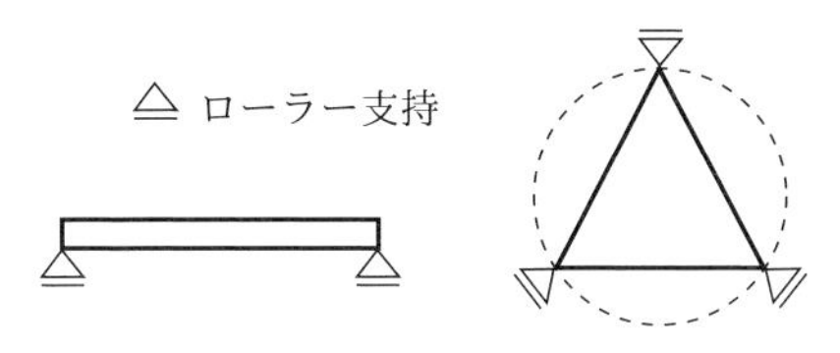

図 3.1.11　不安定な固定条件の例

荷重条件は，対象の点や線や面に含まれる節点の XYZ 方向に載荷するが，通常の構造解析の問題では対象の線や面に分布する荷重の合計が設定されており，そこに含まれる個々の節点への設定ではない．よってメッシュ分割により節点が均等でない場合には，節点の負担面積に対応して分布する荷重を受けもつことになる．本解析システムでは図 3.1.12 に示すように [等分布トータル荷重] を選択することで，節点の分布に対応した分布荷重を設定可能である．

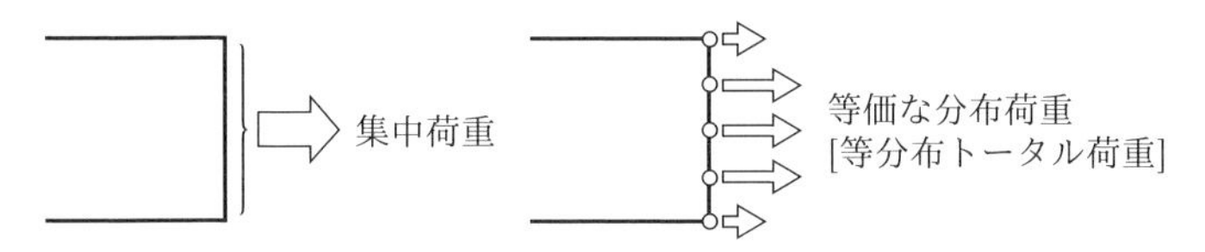

図 3.1.12　分布する荷重の節点への分配

よって構造力学でいう集中荷重は，有限要素解析では節点 1 つのみに載荷する場合のみとなり，多くの場合が線や面に分布する節点に分散する分布荷重となる．また以上で説明した荷重は XYZ 方向を指定して設定するが，圧力として与える荷重では，面の法線方向に作用する荷重となり方向の指定は行わずに指定した面に値のみを設定する．

これらの点や線や面に作用する荷重は，構造物の表面に対して作用する荷重である．本解析システムでは物体に作用する荷重として体積力，重力，遠心力が利用可能であるが，本書では高度な設定となるため扱わない．

構造力学においては，モーメント荷重を設定する場合があるが，ソリッド要素による有限要素解析では回転の自由度をもたないため，直接モーメントを扱うことができない．よってねじりなどを考える場合には偶力のモーメントを用いて疑似的に設定することになる．

以上で固定条件と荷重条件の設定方法を説明したが，1つの節点や1本の線分に対して局所的な固定や荷重を設定した場合には，荷重や反力によって応力集中が発生して数値解析が安定して収束しない場合がある．このような場合には数値計算の条件を工夫するか，解析対象の境界条件を解析条件に矛盾しない範囲で変更することが必要である．

d.　連立方程式ソルバの設定

有限要素解析では，構造解析の問題を定義する全体支配方程式を，連立方程式に離散化して数値計算により結果を得る．よって連立方程式の設定は効率的に解を得るために重要となる．さらに現在では普通のPCでもCPUに複数コアがあり，並列処理により効率的に解を得ることができるため連立方程式ソルバの設定が重要となる．

連立方程式ソルバの選択において考慮すべき条件は，以下の3項目である．

(1) 解析対象の有限要素数：総節点数から全体支配方程式の全自由度が決まる

(2) 有限要素の種類：シェル要素の場合は面方向と厚さ方向で特性が異なる

(3) 構造解析の種類：弾塑性解析や接触解析などの収束条件との対応をはかる

まず(1)解析対象の有限要素数については，ある程度大規模な解析ではメモリを節約するために反復法を選択することが多いが，現在はPCでも大きなメモリを利用できるため直接法の選択も可能である．また並列処理を選択する基準としては，小さい解析対象では領域分割の処理や並列処理の通信などの余分な時間が相対的に目立ち，かえって遅くなる場合もあるが，構造物の有限要素によるメッシュ分割において節点の自由度が数十万を超えてくると4コアの並列処理でも解析時間の短縮が確認できる．

次に(2)有限要素の種類については，特にシェル要素の場合には，剛性マトリクスの面方向と厚さ方向で成分の値が大きく異なるため，反復法での収束が困難になる場合が多く，解を得るための収束ステップが著しく多くなる．よってシェル要素による解析に対して，本解析システムでは直接法を選択することが必須となる．

最後に(3)構造解析の種類については，弾塑性解析や接触解析などの非線形構造解析として増分収束計算が必要な場合や，さらに並列処理で分割された領域間での収束計算が必要になる場合，幾重にも増分収束処理が必要になり，適切な連立方程式ソルバを選択することが必要となる．

e. 解析結果の可視化設定

有限要素法の解析結果は，節点の変位や節点・要素の応力度・歪度として数値で出力されるが，これらを全体的かつ感覚的に把握するために形状変形図や応力分布図として可視化表現する必要がある．もちろん問題解決の分析においては，注目する対象の解析結果からグラフや表形式により数値を読み取ることも必要になる．さらに解析結果の値から，主応力のような評価値を計算することも行われる．

本解析システムの標準の画面上の表示を図 3.1.13 に示す．実際の画面上では最大値を赤色 (上側または右側)，最小値を青色 (下側または左側) として色分けで値を表し中間が白色となっている．なお最大値と最小値は自動的に調整されるが，増分解析などで解析ステップが変化した場合に対応して調整されない場合もあり，注意が必要である．表示する値の種類としては成分ごとに正負を考慮した値や成分を総合的に表現した値もあり，変位量，応力度・歪度の種類や値の属性として節点や要素などの区別もできる．

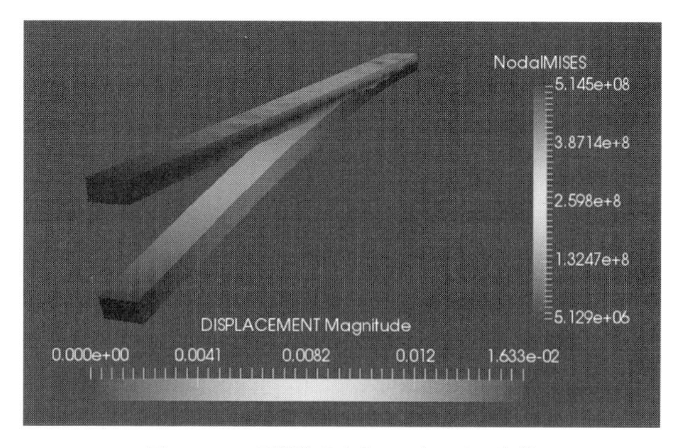

図 3.1.13 可視化のカラースケールの定義

形状変形図では，構造物の元形状に対して荷重が作用したあとの節点の変位量を元にして変形状態を示すことになる．表面の色分けとは別に変形図は表現されるが，初期設定としては実際の変位量を元に変形図が描かれる．

しかし目視では確認できない微小変形の場合には，図 3.1.14 に示すように通常は [Scale Factor] (拡大係数) を大きくして拡大表示することが多い．この場合には実際の変形量ではなく変形状態を誇張した変位モードを見ることになるので，変形状態は把握しやすいが複雑な形状の場合は位置関係が正しく表示されないこともある．

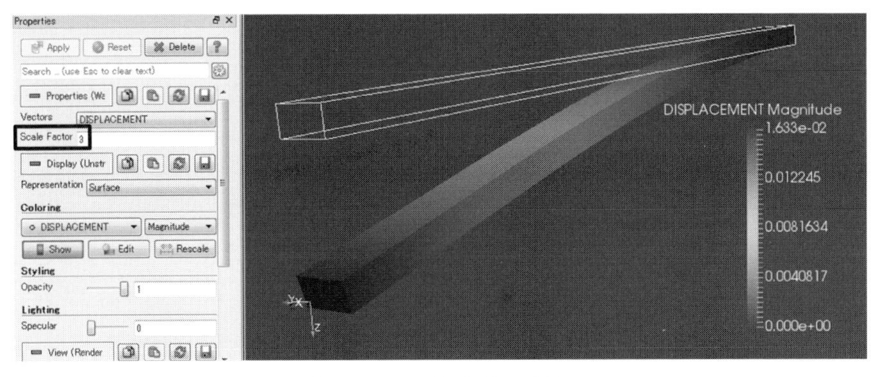

図 3.1.14　形状変形図の表現

応力分布図では，荷重が作用した場合の節点・要素の応力度・歪度などを，表面の色分布として示すことになる．可視化機能として表面だけでなく構造物の注目する断面を切り分けて分布図を描くことも可能である．

図 3.1.15 に示すように，画面上では応力分布図がカラースケールに従って色分け表示されるが，これは解析対象に生じた分布値の最大値と最小値の間を等間隔で色分けしている．この色分けはあくまで最大値と最小値の相対的な分布を示しており，値の絶対的な大きさを示すわけではないので解析結果の分析では色の分布だけでなく数値の定量的な評価が不可欠である．

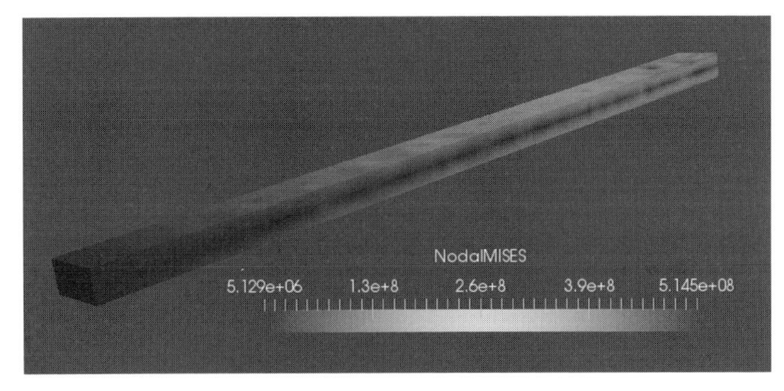

図 3.1.15　応力分布図の表現

なお初期設定では，単純に最大値と最小値で色分けしているが，異常な応力集中などの極端に大きな値が含まれる場合には，ごくわずかな部分のみで赤色の最大値となり，それ以外のほとんどの部分が青色の最低値になる場合もある．この場合には図 3.1.16 に示すようにカラースケールの最大値や最小値を手動で設定することにより，必要な値の幅を用いて色分布を表示させることが可能である．

最後に，定量的な分析のための工夫としては，解析対象の中で注目する部分の断面図表示をして特定節点の値より内部の応力を確認することや，図 3.1.17 に示

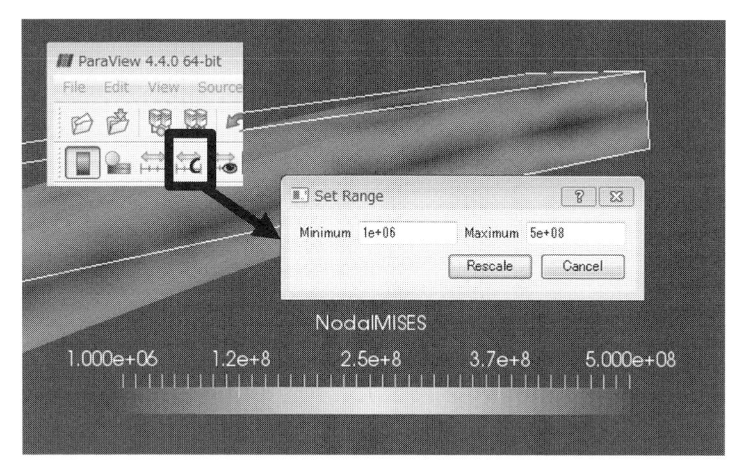

図 3.1.16　応力分布図のカラースケールの調整

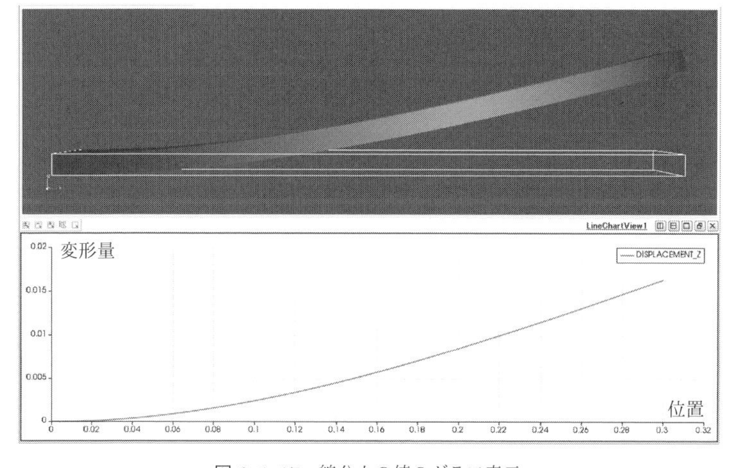

図 3.1.17　線分上の値のグラフ表示

すように線分上のデータ抽出機能を用いて値をグラフ表示することにより，値の変化を正確に読み取ることができる．

3.1.3　解析実行における設定と情報

本解析システムでは解析ソルバに FrontISTR を用いており，入力と出力の情報を所定のデータファイルに記述して数値計算を実行するが，統合支援ツールの EasyISTR を用いることにより，解析条件を簡単なメニューから指定するだけで，自動的にデータファイルを作成することが可能である．

よって通常の場合は，解析に必要となる以下のデータの形式や受け渡し方法を意識せずに，構造解析を実行することが可能であるが，さらに高度な設定を行う場合や解析が正しく行えない原因を探る場合には必要な情報となる．

a.　FrontISTR に必要な入力データ

解析ソルバの FrontISTR では，入力データとして全体制御ファイル・メッシュファイル・解析制御ファイルの 3 つのファイルが必要である．それぞれの概要を以下に示す．なお FrontISTR では全体制御ファイル名は固定されており，メッシュファイルと解析制御ファイルは拡張子を msh と cnt にする条件で任意で指定できるが，本解析システムでは EasyISTR がファイル管理を自動で行うために，下記のようにファイル名を固定している．

これら 3 種類のファイルの記述形式としては，以下の規則に従う．

- 「!」で始まる行がヘッダー行となり，続くデータの意味と形式を定義する．
- ヘッダーに続く行がデータ行となり，具体的なデータを列挙する．

図 3.1.18〜3.1.20 に示すデータファイルの内容例は，本章で取り上げる例題 1-1 (片持梁の引張状態の解析) のデータから主要部分を抜粋したものである．なお，これらの詳細な解説は，FUM の p.45 を参照されたい．

(1) 全体制御ファイル：解析で用いる入力や出力のファイル名の定義

FrontISTR では，ファイル名は hecmw_ctrl.dat として固定．このファイルでは，図 3.1.18 に示すように以下のファイル名を設定する．

- !CONTROL：解析制御データのファイル名を定義
- !MESH：解析形状のメッシュデータのファイル名を定義
- !RESULT：解析結果データのファイル名を定義

(2) メッシュファイル：解析形状の有限要素のメッシュ情報

EasyISTR では，ファイル名は FistrModel.msh として固定．このファイルでは，

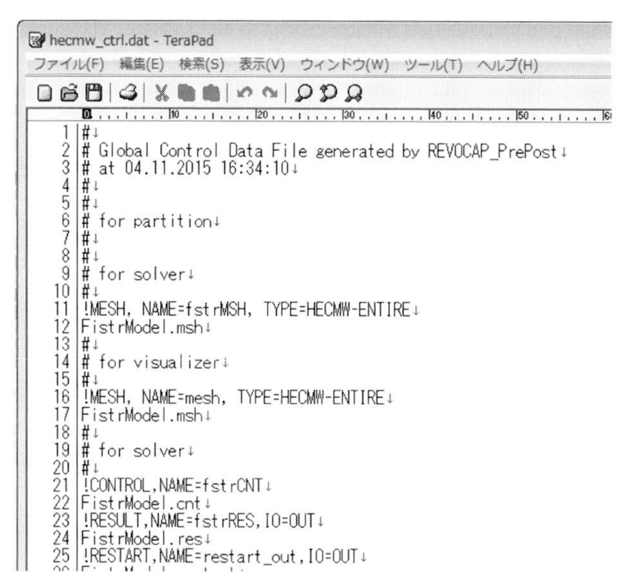


```
1 #↓
2 # Global Control Data File generated by REVOCAP_PrePost↓
3 # at 04.11.2015 16:34:10↓
4 #↓
5 #↓
6 # for partition↓
7 #↓
8 #↓
9 # for solver↓
10 #↓
11 !MESH, NAME=fstrMSH, TYPE=HECMW-ENTIRE↓
12 FistrModel.msh↓
13 #↓
14 # for visualizer↓
15 #↓
16 !MESH, NAME=mesh, TYPE=HECMW-ENTIRE↓
17 FistrModel.msh↓
18 #↓
19 # for solver↓
20 #↓
21 !CONTROL,NAME=fstrCNT↓
22 FistrModel.cnt↓
23 !RESULT,NAME=fstrRES,IO=OUT↓
24 FistrModel.res↓
25 !RESTART,NAME=restart_out,IO=OUT↓
```

図 3.1.18 全体制御ファイル「hecmw_ctrl.dat」の内容例

図 3.1.19 に示すように以下のメッシュ情報を設定する．

- !HEADER：メッシュデータの名称を定義
- !NODE：節点座標の定義
- !ELEMENT：要素を構成する節点の定義
- !NGROUP：境界条件を設定する節点グループの定義
- !EGROUP：境界条件を設定する要素グループの定義
- !SGROUP：境界条件を設定する表面グループの定義
- !END：メッシュファイルの最後を定義

(3) 解析制御ファイル：解析種類・境界条件・出力条件の設定

EasyISTR では，ファイル名は FistrModel.cnt として固定．このファイルでは，図 3.1.20 に示すように，構造解析に関連するすべての設定情報を定義するために，以下の分類に従って解析情報を設定する．

- 全解析に共通な計算制御データ：解析の種別，ログファイルの定義，結果出力の指定
- 構造解析種類別の解析制御データ：固定条件の定義，荷重条件の定義，材料特性の定義
- 連立方程式ソルバ制御データ：計算方法の定義，増分収束計算の定義

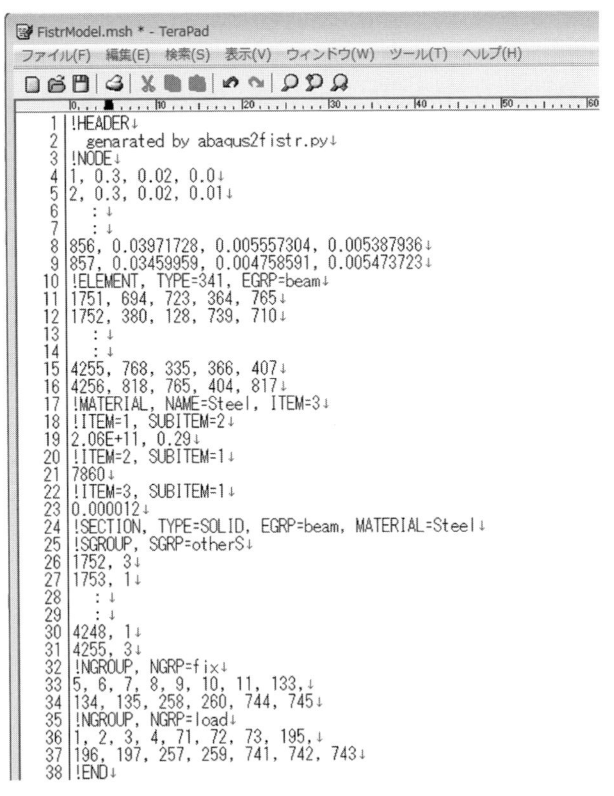

```
FistrModel.msh * - TeraPad
ファイル(F) 編集(E) 検索(S) 表示(V) ウィンドウ(W) ツール(T) ヘルプ(H)
 1 !HEADER↓
 2   genarated by abaqus2fistr.py↓
 3 !NODE↓
 4 1, 0.3, 0.02, 0.0↓
 5 2, 0.3, 0.02, 0.01↓
 6    :↓
 7    :↓
 8 856, 0.03971728, 0.005557304, 0.005387936↓
 9 857, 0.03459959, 0.004758591, 0.005473723↓
10 !ELEMENT, TYPE=341, EGRP=beam↓
11 1751, 694, 723, 364, 765↓
12 1752, 380, 128, 739, 710↓
13    :↓
14    :↓
15 4255, 768, 335, 366, 407↓
16 4256, 818, 765, 404, 817↓
17 !MATERIAL, NAME=Steel, ITEM=3↓
18 !ITEM=1, SUBITEM=2↓
19 2.06E+11, 0.29↓
20 !ITEM=2, SUBITEM=1↓
21 7860↓
22 !ITEM=3, SUBITEM=1↓
23 0.000012↓
24 !SECTION, TYPE=SOLID, EGRP=beam, MATERIAL=Steel↓
25 !SGROUP, SGRP=otherS↓
26 1752, 3↓
27 1753, 1↓
28    :↓
29    :↓
30 4248, 1↓
31 4255, 3↓
32 !NGROUP, NGRP=fix↓
33 5, 6, 7, 8, 9, 10, 11, 133,↓
34 134, 135, 258, 260, 744, 745↓
35 !NGROUP, NGRP=load↓
36 1, 2, 3, 4, 71, 72, 73, 195,↓
37 196, 197, 257, 259, 741, 742, 743↓
38 !END↓
```

図 **3.1.19**　メッシュファイル「FistrModel.msh」の内容例

- ポスト処理用の可視化制御データ：可視化の共通設定の定義，データのレンダリング (図化) の定義

なお以上で説明した FrontISTR のデータ形式は，商用 CAE の Abaqus で用いる入力情報の INP ファイルと類似の形式になっているため，EasyISTR は，INP ファイルを読み込むことで解析形状や境界条件のデータを変換して利用することが可能である．

並列処理では解析対象を領域分割するため，メッシュデータも並列処理数に対応して複数の分散メッシュファイルとなる．この場合のファイル名は次のように EasyISTR が定義する．

- 4 コア CPU 搭載の PC で 2 つに領域分割したメッシュデータ：
  FistrModel_p4.0 + FistrModel_p4.1 (領域の番号は 0 から)

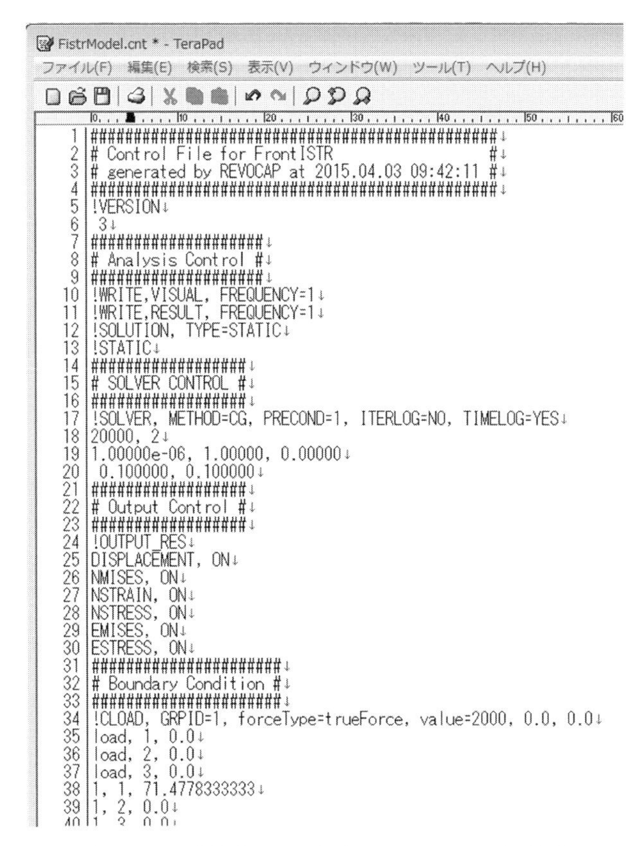

```
##################################################
# Control File for FrontISTR                     #
# generated by REVOCAP at 2015.04.03 09:42:11 #
##################################################
!VERSION
 3
####################
# Analysis Control #
####################
!WRITE,VISUAL, FREQUENCY=1
!WRITE,RESULT, FREQUENCY=1
!SOLUTION, TYPE=STATIC
!STATIC
##################
# SOLVER CONTROL #
##################
!SOLVER, METHOD=CG, PRECOND=1, ITERLOG=NO, TIMELOG=YES
20000, 2
1.00000e-06, 1.00000, 0.00000
 0.100000, 0.100000
##################
# Output Control #
##################
!OUTPUT_RES
DISPLACEMENT, ON
NMISES, ON
NSTRAIN, ON
NSTRESS, ON
EMISES, ON
ESTRESS, ON
######################
# Boundary Condition #
######################
!CLOAD, GRPID=1, forceType=trueForce, value=2000, 0.0, 0.0
load, 1, 0.0
load, 2, 0.0
load, 3, 0.0
1, 1, 71.4778333333
1, 2, 0.0
```

図 3.1.20　解析制御ファイル「FistrModel.cnt」の内容例

b.　FrontISTR の結果の出力データ

基本となる 1 コアでの構造解析の結果としては，FrontISTR から以下のファイルを含め様々なファイルが出力される．

- 0.log：1 つ目の領域番号 0 でのソルバのログファイル
- FistrModel.log：解析実行の過程で端末に表示されるログファイル．これより解析時間や増分収束計算の状況が確認できる (図 3.1.21 参照)．
- FistrModel.res.0.1：領域番号 0 での第 1 ステップでの解析結果ファイル．EasyISTR で設定した解析結果の情報として，例えば節点における変位量や応力度などが記録されている (図 3.1.22 参照)．

以上により構造解析の結果である数値データが得られるが，これを用いて主応

FistrModel.log - TeraPad
ファイル(F) 編集(E) 検索(S) 表示(V) ウィンドウ(W) ツール(T) ヘルプ(H)

```
 1  Step control not defined! Using default step=1↓
 2  fstr_setup: OK↓
 3 ### 3x3 B-SSOR-CG(0)  2↓
 4 ### Relative residual = 5.83731E-07↓
 5 ↓
 6 ### summary of linear solver↓
 7         326 iterations      5.837306E-07↓
 8     set-up time       :     3.847300E-03↓
 9     solver time       :     2.592051E+00↓
10     solver/comm time  :     1.825600E-03↓
11     solver/matvec     :     1.118099E-01↓
12     solver/precond    :     2.421008E+00↓
13     solver/1 iter     :     7.951075E-03↓
14     work ratio (%)    :     9.992957E+01↓
15 ↓
16 ↓
17  ====================================↓
18     TOTAL TIME (sec) :      2.66↓
19            pre (sec) :      0.01↓
20          solve (sec) :      2.64↓
21  ====================================↓
22  FrontISTR Completed !!↓
23 [EOF]
```

図 3.1.21　解析のログファイル「FistrModel.log」の内容例

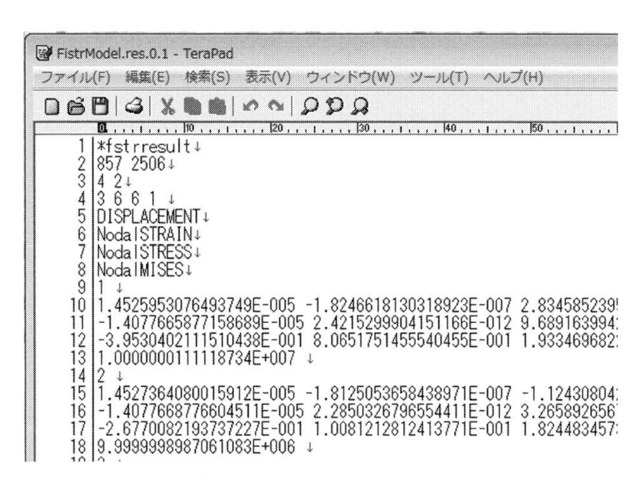

FistrModel.res.0.1 - TeraPad
ファイル(F) 編集(E) 検索(S) 表示(V) ウィンドウ(W) ツール(T) ヘルプ(H)

```
 1 *fstrresult↓
 2 857 2506↓
 3 4 2↓
 4 3 6 6 1 ↓
 5 DISPLACEMENT↓
 6 NodalSTRAIN↓
 7 NodalSTRESS↓
 8 NodalMISES↓
 9 1 ↓
10 1.4525953076493749E-005 -1.8246618130318923E-007 2.834585239
11 -1.4077665877158689E-005 2.4215299904151166E-012 9.689163994
12 -3.9530402111510438E-001 8.0651751455540455E-001 1.933469682
13 1.0000000111118734E+007 ↓
14 2 ↓
15 1.4527364080015912E-005 -1.8125053658438971E-007 -1.12430804
16 -1.4077668776604511E-005 2.2850326796554411E-012 3.265892656
17 -2.6770082193737227E-001 1.0081212812413771E-001 1.824483457
18 9.9999998987061083E+006 ↓
```

図 3.1.22　解析結果ファイル「FistrModel.res.0.1」の内容例

力などの詳細な評価データを計算し，ポスト処理ツール ParaView で可視化する際に必要な VTK データを生成するための変換を EasyISTR で行うと，結果ファイル convFistrModel.res.0.1.vtk がつくられる (図 3.1.23 参照).

c.　EasyISTR の概要と起動方法

本解析システムでは，有限要素解析のプリ・ソルバ・ポストの一連の操作を効率

convFistrModel.res.0.1.vtk * - TeraPad

ファイル(F) 編集(E) 検索(S) 表示(V) ウィンドウ(W) ツール(T) ヘルプ(H)

```
 1 # vtk DataFile Version 2.0↓
 2 surface↓
 3 ASCII↓
 4 DATASET UNSTRUCTURED_GRID↓
 5 POINTS 857 float↓
 6  0.3  0.02  0.0↓
 7  0.3  0.02  0.01↓
 8    : ↓
 9    : ↓
10  0.03971728  0.005557304  0.005387936↓
11  0.03459959  0.004758591  0.005473723↓
12 CELLS 3992 18474↓
13 4 693 722 363 764↓
14 4 379 127 738 709↓
15    : ↓
16    : ↓
17 3 311 312 430↓
18 3 334 365 406↓
19 CELL_TYPES 3992↓
20 10↓
21 10↓
22    : ↓
23    : ↓
24 7↓
25 7↓
26 POINT_DATA 857↓
27 FIELD attributes 8↓
28 principalSigma1 1 857 float↓
29 10000000.3157↓
30 9999999.81426↓
31    : ↓
32    : ↓
33 10000107.5678↓
34 10000892.9229↓
35 principalSigma2 1 857 float↓
36 0.813432063907↓
37 0.237710538786↓
```

図 **3.1.23** 可視化用 VTK ファイル「convFistrModel.res.0.1.vtk」の内容例

よく行うために統合支援ツール EasyISTR を用いており，多数の解析情報のファイル名や保存・読込などの作業を利用者が意識せずに，構造解析を効率よく進めることができる．このツールの活用に関する詳細については，EOM の p.5 を参照されたい．

これを実現するため EasyISTR では，作業用フォルダを設定して構造解析一式のファイルを指定した名称で管理している．1 つの作業用フォルダには 1 つの構造解析を割り当てる必要があり，ファイル名での区別はせずにフォルダ名が解析の名称となる．

作業用フォルダは任意の場所に置けるが，本書では第 2 章で準備した本解析システムの状態を前提として，図 3.1.24 に示すように，デスクトップにある解析作業用フォルダ「Work」の中に，個別の構造解析の作業用フォルダを作成して解析を進める．

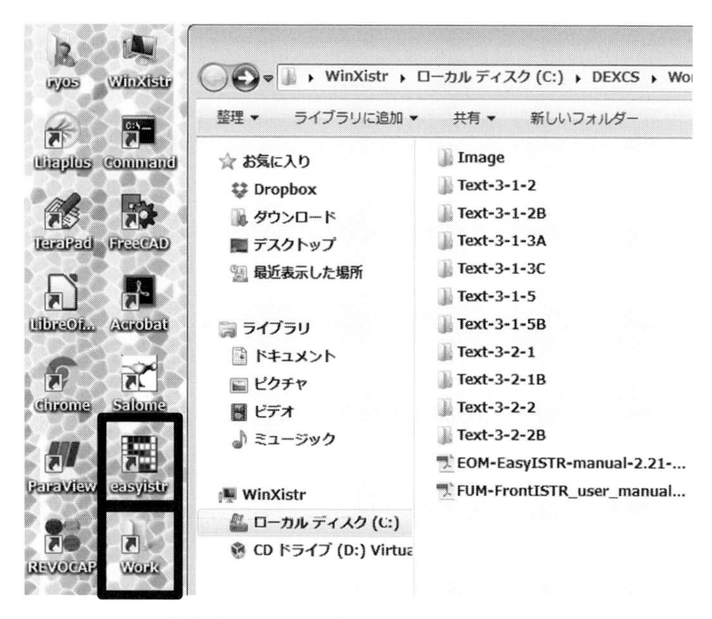

図 3.1.24　解析作業用フォルダ「Work」と EasyISTR 起動アイコン

個別の作業用フォルダの準備ができたら，まずは解析対象となる構造物の UNV 形式のメッシュファイルを用意する．本解析システムにおいては，プリ処理ツール SALOME の簡易 3 次元 CAD 機能を用いて形状を作成してから，メッシュを作成して UNV 形式のファイルに書き出して用意する．このメッシュファイルは，個別の構造解析用の作業フォルダに保存する．

d.　他のプリ・ポストツールとの連携方法

本解析システムでは，構造解析の学習に必要となるプリ・ソルバ・ポストなどのツールはすべて統合しており，他のツールは必要としない．しかし複雑な形状の解析などを目指す場合や，より効果的な可視化を目指す場合には，他のプリ・ポストツールとの連携も可能である．

例えば，FrontISTR の標準のプリ・ポスト処理ツールである REVOCAP を用いることで，図 3.1.25 に示すように，直観的な操作で解析結果の可視化を実現することが可能である．

ここでは，以下の 3 つのファイル形式を用いた他ツールとの連携方法を紹介する．

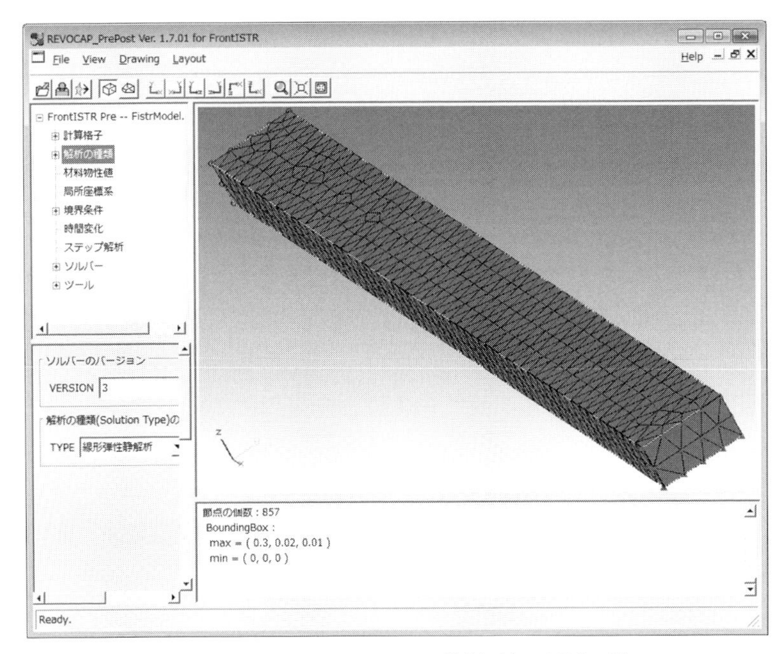

図 3.1.25 REVOCAP を用いた構造解析の可視化の例

■ 解析形状ファイル：STEP 形式

3 次元 CAD のデータ交換で一般的に用いられる STEP 形式は，本解析システムではプリ処理ツールの SALOME や 3 次元 CAD である FreeCAD によってつくることが可能であるが，他の 3 次元 CAD においても「STEP 形式データ書き出し機能」などを用いることでつくることができる．

SALOME の簡易 CAD 機能を使うよりも，使い慣れた 3 次元 CAD が手元にある場合や，共同研究などのように異なる 3 次元 CAD を用いて連携して構造解析を行う場合には STEP 形式で解析形状を交換することを勧める．

■ メッシュファイル：UNV 形式

有限要素分割したメッシュファイルの互換性の高いデータ形式であり，本解析システムでは SALOME に含まれるメッシュ作成機能の Netgen を用いてつくることが可能であるが，他の CAE ツールやメッシュ作成ツールを用いても「UNV 形式データ書き出し機能」などを用いることでつくることができる．

共同研究などで非常に複雑な形状の構造解析に取り組む場合には，Netgen では対応が難しいときがあり，特に六面体要素によるメッシュを効率的に作成する場合には外部ツールの活用も有効である．

■ **可視化情報ファイル：VTK 形式**

構造解析の結果を可視化するポスト処理ツール ParaView の独自のデータ形式である．ParaView はサイエンスからエンジニアリングまで広く利用されるツールであり，他のツールでも VTK ファイルを読み込んで利用できる場合がある．たとえばプリ・ポスト処理ツールの Gmsh などが利用可能である．

3.1.4 例題 1-1：片持梁の引張状態の解析

a. 解析例題の理論的な説明と比較結果

ここでは，構造解析の最も基本となる梁部材の引張状態の解析を説明する．解析対象の形状，材料，荷重，固定などの解析条件も単純であるため，構造力学で学んだ基礎理論を用いて，解析結果の妥当性を容易に検証できる．一方で，CAE では簡単な操作で見栄えのする解析結果の画像を得ることができるため，定性的な挙動理解が先行してしまい，定量的な数値の比較検討が十分行われない懸念もある．よって解析結果に対しては，比較の実験や理論の確認によってその妥当性を確認することが不可欠である．

例題 1-1 で対象とするのは，棒材の一端が固定され他端が自由になっている図 3.1.26 に示すような片持梁であり，自由端に棒材が伸びる方向に引張力を受けている．単純なバネのイメージと同様に，荷重を受けて片持梁は全体が伸びることになる．固定される原点側の断面を固定端とし，荷重を受ける自由端の断面を荷重端と呼ぶ．

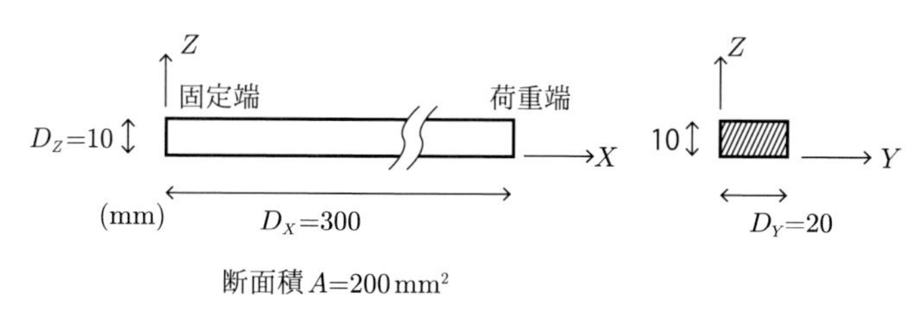

図 3.1.26 解析対象の例題 1-1：片持梁

このような単純な例題であっても，CAE で構造解析を実施するときの解析モデルの設定において，以下に示すような構造力学に関する大切な注目点がある．

■ **サン–ブナンの原理：力学現象の局所的な影響は遠方には届かない**

構造物は荷重条件と固定条件のもとで力学的挙動を示すが，これらの条件は実

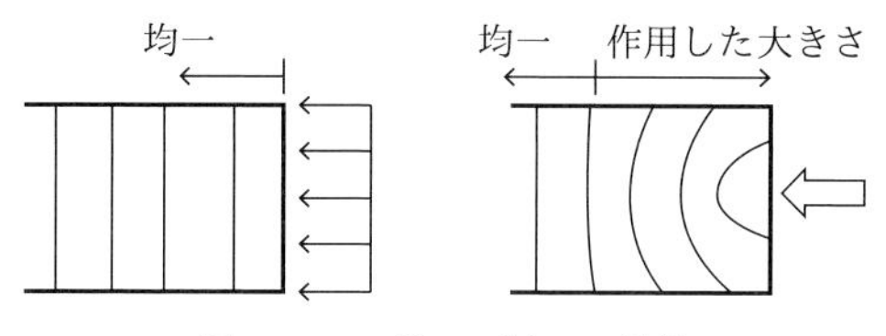

図 3.1.27 サン–ブナンの原理

際の条件をそのまま再現するのではなく，モデル化によって設定することになる．この場合に固定条件は反力の設定とみなされるが，荷重や反力は現実には何らかの面積に対して分布する荷重となる．解析では図 3.1.27 に示すように集中荷重として置き換えて作用させることも多い．

この場合には，実際は分布している荷重を集中させた設定で解析しているが，構造力学として荷重が作用する形式が異なっても，等価であれば十分に離れた部分では同じ状態となるサン–ブナンの原理によって，この影響は荷重や反力を設定した局所的な部分に限定され，作用した大きさ程度以上に離れることで影響は無視できる．もちろん構造物全体の挙動に影響を与えることはない．

■ ポアソン比の効果：荷重の方向とは別の方向への変位に注意する

図 3.1.28 に示すように，棒材を圧縮することで，荷重の作用する方向への縮みに注目することは当然だが，ポアソン比の効果によって荷重方向と直交する断面方向にも変形が生じる．これが構造物全体の挙動に大きく影響することはないが，これを拘束することで付加的な応力が発生することには注意が必要である．

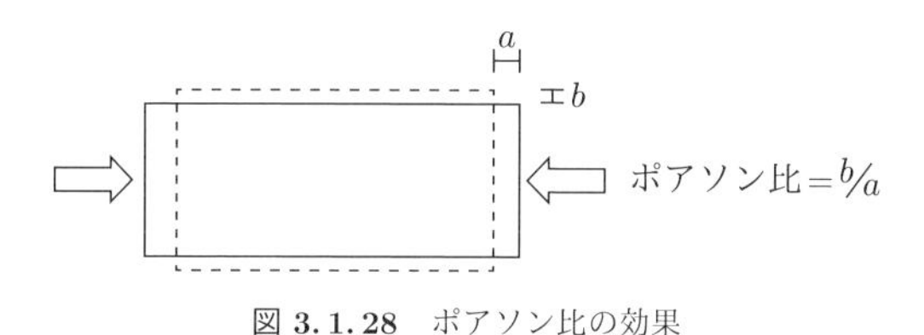

図 3.1.28 ポアソン比の効果

■ フックの法則：十分小さな力に対して変形は正比例する

例題 1-1 の片持梁では，式 (3.1.1) に示すように，長さ L と変位 δ より歪度 ε が，断面積 A と応力 N より応力度 σ が定義される．

$$\varepsilon = \frac{\delta}{L}, \quad \sigma = \frac{N}{A} \tag{3.1.1}$$

この歪度と応力度との間には，ヤング率と呼ばれる剛性 E によってフックの法則

が式 (3.1.2) として定義される．

$$\sigma = E \cdot \varepsilon \tag{3.1.2}$$

よってフックの法則を用いると，変形 δ が式 (3.1.3) として表せるので，図 3.1.26 に示された長さ L，断面積 A，応力 N，ヤング率 E などより，適切に単位変換を行うことで，荷重が作用した先端の変形 δ を求めることができる．

$$\delta = \frac{N \cdot L}{E \cdot A} \qquad (E \cdot A\text{：軸剛性}) \tag{3.1.3}$$

b.　片持梁の形状作成，境界条件のグループ作成

図 3.1.26 で示した例題 1-1：片持梁の形状データや解析メッシュを，2.2 節で導入したプリ処理ツール SALOME を用いて作成する．以下の手順に関する詳細は，EOM の p.50 を参照されたい．

① まず例題 1-1 で用いる解析フォルダ「Text-3-1-1」を，デスクトップの解析作業用フォルダ「Work」の中につくる．

② デスクトップ上の「Salome」アイコンをダブルクリックしてツールを起動して，形状作成モジュール [Geometry] を選択し，[新規作成] をクリックする．

③ メニューの [新しいエンティティ]⇒[基本図形]⇒[ボックス] を選択する．

④ 先の図では mm 単位であり図 3.1.29 の寸法は「Dx：300，Dy：20，Dz：

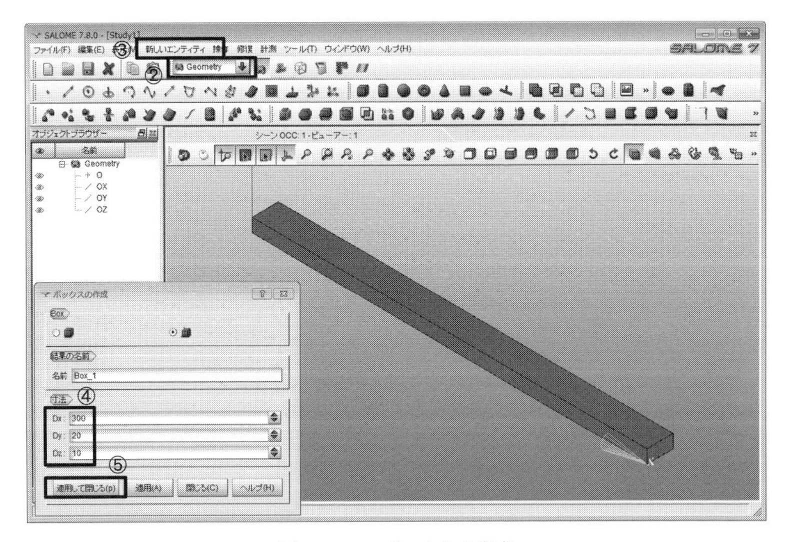

図 3.1.29　ボックスの作成

10」とする．なお解析では SI 単位として m を用いるので，形状データ読込時に変換する．

⑤ 他の部分はそのままで [適用して閉じる] をクリックする．ここで作成した形状の名前は「Box_1」となり，変更可能だが日本語は不可で英数字のみとなる (空白や著しく長い設定はできない).

なお FreeCAD のような他の 3 次元 CAD データとして STEP ファイルなどを読み込む場合には，メニューの [ファイル]⇒[インポート]⇒[STEP インポート] を選択してファイルを読み込む.

ここで SALOME ツールの図形操作の簡単な手順を以下にまとめる.

- 物体回転：Ctrl + 右ドラッグ，Alt + キーボード矢印キー
- 平行移動：Ctrl + 中ドラッグ，Ctrl + キーボード矢印キー
- 拡大縮小：Ctrl + 左ドラッグ，スクロールホイール前後回転

またツールの表示機能ボタンの代表的なものを表 3.1.1 に示す．なお各ボタンの上にマウスカーソルを重ねると機能の説明が表示されるので確認しておく.

表 3.1.1　SALOME の表示機能ボタン

ボタン	機能
	画面の表示状態などを設定する
	解析モデルの全体を表示する
	座標軸方向の視点に切り替える

3 次元図形の表示においては右手系直交座標となり，「X 軸：赤，Y 軸：緑，Z 軸：青」となる．ツールの左側に [オブジェクトブラウザー] があり，ここに解析に必要な情報 (オブジェクト) のすべてがツリー状に表示される．またその下の [情報] には選択したオブジェクトの数値などが表示される.

解析モデルは，通常の弾性応力解析の場合には必ず固定条件と荷重条件が必要となる．構造解析では，物体は何らかの外部作用を荷重として受けるが，物体は固定されることで荷重を受けて安定状態となる.

例題 1-1 では，図 3.1.26 で示したように座標の原点側の断面に固定条件を設定し，反対側に荷重条件を設定する．これらの設定手順を図 3.1.30 を参考にして以下に示す.

① 先につくった片持梁の解析モデル [Box_1] を右クリックで選択し，

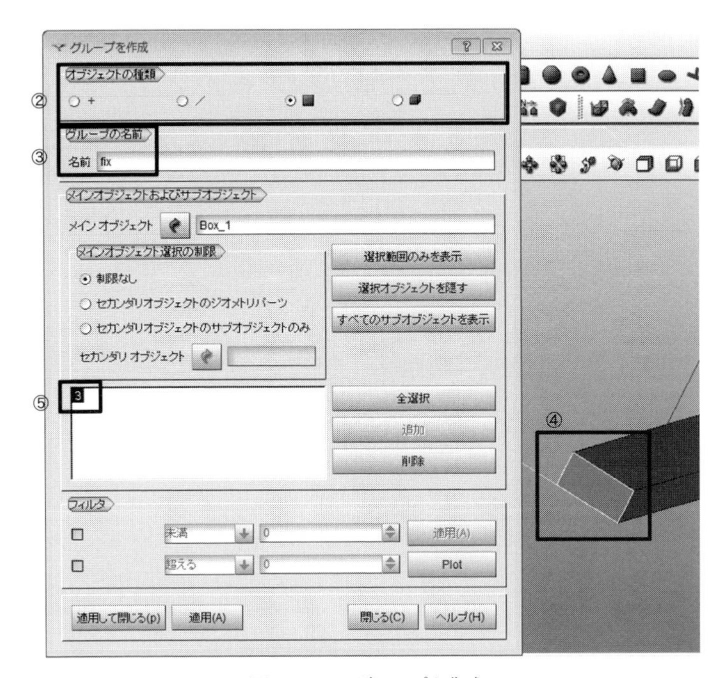

図 3.1.30　グループを作成

[グループを作成] を選択する．ここでグループとは指定する幾何学的な対象に対して名前を付けることである．

② 図 3.1.30 に示すパネルを用いて設定する．指定する幾何学的な対象を [オブジェクトの種類] より [頂点]，[線分]，[表面]，[物体] の 4 つから選択する．

③ まず固定条件として [fix] を設定するために，種類は [表面] を選択し名前を「fix」に変更する．

④ 設定する対象の表面が見えるようにモデルを操作して，指定面にマウスカーソルを置くと面が水色で囲われるので，クリックし，白色で囲われたら選択される．

⑤ パネルの [追加] をクリックすると「3」が表示されるので，[適用] をクリックして登録する．

⑥ [オブジェクトブラウザー] の [Box_1] の左にある [+] ボタンを押すと，登録した固定条件 [fix] が確認でき，左端の目のボタンでは表示の可否を選択できる．同様に荷重条件として [load] を「13」として登録する．

⑦ 次に解析モデル全体を，種類を [物体]，名前を「beam」に設定し「1」として登録する．[閉じる] でツールを終了する．

⑧ 作業の状態を保存するために，メニューの [ファイル]⇒[保存] を選択し，解析フォルダ Text-3-1-1 (C:¥DEXCS¥Work¥Test-3-1-1) を指定して，ファイル名「Study1」として [保存] する．なおプリ処理ツール SALOME では拡張子 hdf がデータ形式となるため，Study1.hdf を読み込むことで作業を再開できる．

c. 解析例題のメッシュ作成，メッシュの UNV ファイル変換など

有限要素法による構造解析では，複雑な形状を単純な要素に分割することで，数値解析を実現している．この要素は立体形状の場合には四面体か六面体であるが，三角形 4 枚で構成される四面体を用いることで，複雑な任意形状に対しても容易に自動分割することが可能である．本書の例題演習においても SALOME のメッシュ作成ツール Netgen を用いて自動的にメッシュを作成する．

一般的にはこのメッシュが細かいほどに正確な解が得られるが，その分だけ計算時間は長くなり必要なメモリも大きくなる．そこで必要とする計算精度を満足するための適切なメッシュの細かさを利用者は選択する必要がある．上記の Netgen では初期設定として粗すぎるメッシュを提示することがあるので，注意する必要がある．目安としては形状を表す寸法で最も小さい部分，例えば板形状ならば厚さにおいて，少なくとも要素が 2 層以上になることが必要である．なお開口部の隅角など応力が集中する箇所ではメッシュを細かくすることが必要だが，同時に特異点の応力集中の値に注意した適切な設定が必要となる．

有限要素法では要素の力学特性を表現するために形状関数が用いられるが，そのときに用いる節点が多いほど多数の情報により形状関数が定義されるため，正確な力学特性が表現できる．ここでは最も基本となる設定として 1 次要素 (線形) を選択する．具体的なメッシュ作成の手順を，図 3.1.31 を参考にして以下に示す．

① まず SALOME のモジュールを [Geometry]⇒[Mesh] に変更する．

② [オブジェクトブラウザー] の解析モデル [Box_1] を選択して，メニューの [メッシュ]⇒[メッシュを作成します．] (一番上) を選択する．

③ メッシュの名前は「Mesh_1」として，メッシュタイプに [四面体] を選択し，アルゴリズムに [Netgen 1D-2D-3D] を選択したら，詳細設定の右端にある歯車のボタンを押して [NETGEN 3D Parameters] を選択する．

④ 解析モデルの片持梁は，寸法が 300×20×10 mm であり最小寸法の 10 mm

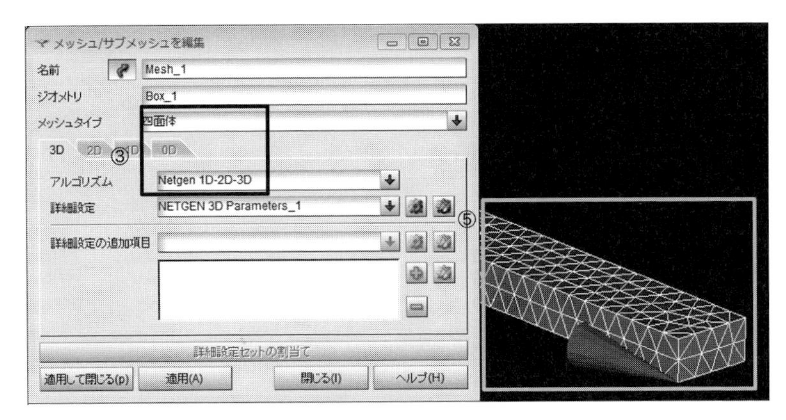

図 3.1.31 [メッシュを編集] での設定とメッシュの結果

の 2 分の 1 を最大サイズとして「5」と設定し，最小サイズは設定寸法の 5 分の 1 の「1」とする．これで [OK]⇒[適用して閉じる] でメッシュ設定を完了する．

⑤ [オブジェクトブラウザー] 上に [Mesh_1] ができるので，これを右クリックして [メッシュを作成] を選択する．「メッシュの計算が成功しました。」が表示され，節点数がノード：857，要素数が線形の四面体：2506 となり，結果を図 3.1.31 右に示す．

⑥ 次に解析モデルに設定した境界条件グループ (固定：fix と荷重：load) と解析モデルグループ (全体：beam) を，メッシュデータに設定するために，[Mesh_1] を右クリックして [ジオメトリのグループを作成] を選択する．

⑦ 要素で構成されるグループ「beam」は [要素] の欄に設定するため，[オブジェクトブラウザー] の [beam] を選択し [要素] の矢印を押す．

⑧ 次に内部的に節点で構成されるグループ「fix」・「load」は [ノード] の欄に設定するため，[ノード] の矢印を押してから，[オブジェクトブラウザー] の「fix」・「load」に対し Ctrl キーを押しながら複数選択する．

⑨ 選択完了後 [選択して閉じる] で確定すれば，[オブジェクトブラウザー] 上の [Mesh_1] の下に 2 つのグループが設定されている．

⑩ 以上でメッシュ情報が完成したので，[オブジェクトブラウザー] のメッシュ情報 [Mesh_1] を選択して，メニューの [ファイル]⇒[エクスポート]⇒[UNV ファイル] を選択する．[メッシュのエクスポート] パネルで保存先が解析フォルダ「Text-3-1-1」になっていることを確認して，ファイル名は「beam-1.unv」

として [保存] する．

⑪ 以上でプリ処理が終わったので，現状を [ファイル]⇒[保存] してから，[ファイル]⇒[終了] で確認には [OK] を押して，作業を終える．

なお SALOME では生成したメッシュを，表 3.1.2 に示す 6 種類の形式に出力可能であり，ここでは UNV 形式のメッシュファイルを出力する．

表 3.1.2 SALOME の出力可能なメッシュ形式

DAT	NASTRAN で用いられる以前より利用されるメッシュ形式
MED	Salome-Meca で用いられる独自のメッシュや形状の形式
UNV	IDEAS で用いられる現在広く利用されるメッシュの形式
STL	表面を三角形パッチで記述した 3 次元形状のメッシュ形式
SAUV	Cast3M-CASTEM プリポストで用いられるメッシュ形式
GMF	INRIA-DISTENE プリポストで用いられるメッシュ形式

d. 解析入力データの設定と読込と変換：FrontISTR データ生成

有限要素解析では，モデルの幾何学的情報から解析の構造力学的な情報まで多様な設定情報が必要となる．従来はこれらを手作業で作成していたが，現在の CAE ではツールを用いて必要となる情報を自動生成することが多い．本解析システムでは解析ソルバとして FrontISTR を用いており，入力ファイルとしては以下の 3 種となる．なおこれらの詳細な情報については，FUM の p.15 を参考にされたい．

(1) 全体制御データ：hecmw_ctrl.dat (FrontISTR として固定)

メッシュデータ，解析情報データ，メッシュデータのファイル名指定

(2) 解析制御データ：○○○.cnt (EasyISTR では FistrModel.cnt で固定)

解析条件，ソルバ制御，可視化制御 (具体的な構造解析の設定情報)

(3) メッシュデータ：○○○.msh (EasyISTR では FistrModel.msh で固定)

解析モデルのメッシュ情報 (並列処理の場合には分割され複数になる)

本書の例題では，EasyISTR を用いて，先に作成した境界条件を含むメッシュファイルを活用して，これらの 3 つの入力データファイルを準備する．

デスクトップ上の「easyistr」アイコンをダブルクリックしてツールを起動する．ツールの利用方法は，左端の [設定項目] を上から下に順に設定してゆく．

① まず項目 [FrontISTR analysis] の [作業用 folder] の [参照] より，例題 1-1 の解析フォルダ「C:¥DEXCS¥Work¥Test-3-1-1」を図 3.1.32 のように選択する．

② ファイル追加のメッセージを確認して [OK] で進める．ここでツール最下段

図 3.1.32　EasyISTR の [作業用 folder] の設定

の [folder 開く] ボタンより解析フォルダの内容を確認でき，先に保存した Study1.hdf(SALOME の作業状態情報), beam-1.unv (解析モデルのメッシュ情報) に加え，上記の 3 つの入力ファイルの原型がつくられている．なお Study1.hdf 以外はテキストファイルであり，ツール最下段の [制御 file 編集] (hecmw_ctrl.dat, FistrModel.cnt) と [meshFile 編集] (FistrModel.msh) より TeraPad が開き内容が確認できる．

③ 次に [設定項目] の [FistrModel.msh] を選択し，解析モデルは UNV 形式でつくられているので，[メッシュ変換] は [unv2fistr] を選択し，ファイル名に「beam-1.unv」を [参照] から選定して [ファイル変換] すると，メッシュ変換の結果が図 3.1.33 の上に示すように確認できる．メッシュ内容を見ると「modelSize(xyz): 300.0 20.0 10.0」とあり，mm 単位の数値が読み込まれたことが分かる．例題演習では m 単位とするので，[スケール変更] の倍率を「0.001」として [倍率変換] すると解析モデルのサイズが変換される．ここで [形状確認] より ParaView が起動して，[Apply] ボタンを押すことで

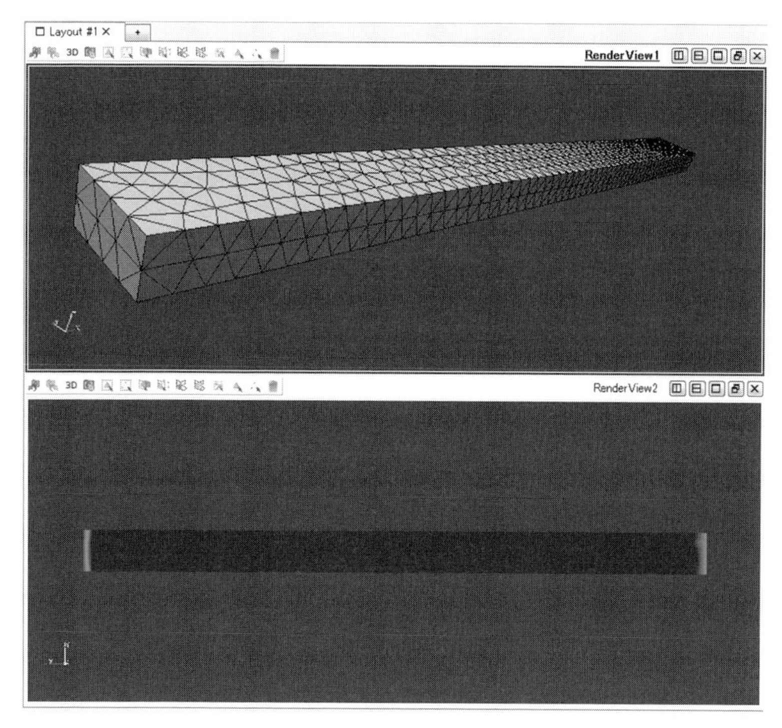

図 3.1.33 ParaView による解析モデルの情報確認

解析モデルの形状を確認できる．

なお，参考資料 EOM の p.12 に示す操作手順に従って [要素グループ]，[要素番号]，[面グループ]，[節点グループ]，[節点番号] などの表示項目を選択すれば，図 3.1.33 の下のように解析モデルの詳細を確認できる．

④ 次に [設定項目] の [解析の種類] を選択して設定する．現在の EasyISTR では，表 3.1.3 に示す 7 種類が選択可能である．それぞれの構造解析の分類については，「3.1 弾性応力解析」で説明した内容を元に理解する．本書では

表 3.1.3 EasyISTR での解析の種類

線形弾性静解析	微小変形で線形とし材料が弾性で時間に依存しない静的な解析
非線形静解析	変形が大きく材料の弾塑性特性による非線形性を考慮した解析
動解析	荷重や変形の時間変化を考慮した構造物の時刻歴の挙動を解析
固有値解析	構造物が固有にもつ振動特性である振動数やモードなどを解析
周波数応答解析	連続した周波数の外乱に対する構造物の応答値を計算する解析
熱伝導 (静解析)	構造物に熱源を与えて定常状態の温度分布などを評価する解析
熱伝導 (動解析)	時間変化する熱源に対応した構造物の挙動などを分析する解析

ものづくりで広く活用される2種類の構造解析の演習を行う.

ここでは構造解析の最も基本となり公式などの理論解との比較が可能である [線形弾性静解析] を選択する. このときの入出力ファイルが提示されるので確認して, [設定] する.

e. 解析例題の材料特性の設定, 材料 DB の解説

次に [設定項目] の [材料物性値] を選択して設定する. ここでの演習では解析種類の [線形弾性静解析] に対応して, 解析モデルの片持梁は, 材料を鋼 (Steel) として荷重が比較的小さい弾性範囲での挙動を対象とする.

① まず材料 DB (データベース) の設定を確認するために, [材料 DB (mat.csv)] の項目の [DB 開く] を押すと, [テキストのインポート] パネルが開くので [OK] で進める. 表計算ソフト (LibreOffice Calc) が起動して内容が確認できる. 例えば [Steel] の項目を見ると, [young] (ヤング率 : 剛性) が単位 Pa (N/m^2) で「206000000000」とあり接頭辞 G (ギガ) $= 10^9$ を用いれば 206 GPa となる. 構造解析ソフトでは剛性の設定によって力と長さの単位が規定され

図 3.1.34 材料物性値の設定

るので，この演習では 206 GPa より SI 単位として力は N，長さは m が単位となる．

② 続いて [材料を設定] の [elGroup 名] より解析モデル全体を表すグループ [beam] を選択して [選択 >>] ボタンで [物性値を定義する group] に移してから [設定] する (なお例題に elGroup が 1 つしかない場合には自動的に移る場合もある)．左端の [設定項目] の [材料物性値] の下に [beam] が追加されるので，これを選択する．

③ 図 3.1.34 に示すように，材料物性値の設定パネルの最上段の材料名右のメニューから [Steel] を選択し，[物性値の確認] ボタンより Steel の値が確認できる．これより鋼の材料物性値として，ヤング率：2.06e+11 Pa，ポアソン比：0.29，密度：7860 kg/m^3，線膨張係数：0.000012/K であることが分かる．設定では，2 段目の材料モデルが「Elastic」であることを確認したら他の項目は設定不要なので下段の [設定] を押す．

f. 解析例題の固定条件と荷重条件の設定

① 続いて [設定項目] の [境界条件] より固定条件と荷重条件を設定するため，項目の左の [+] ボタンを押すと各種の条件が表示されるので，まずは [BOUNDARY (変位)] を選択して固定条件を設定する．

② [nodeGroup 名] の欄に固定条件を指定する [fix] グループがあるので，これを選択して [選択 >>] ボタンで [設定する Group] の欄に移して [設定] する．

③ [設定項目] に [fix] が追加されるので選択し，図 3.1.35 上のように XYZ 方向の変位が 0.0 であり固定状態であることを確認して [設定] する．これは，固定面「fix」に含まれるすべての節点の変位量が 0.0 となり固定されることを意味する．

④ 次に [CLOAD (荷重)] を選択して，指定面への荷重条件を設定するために同じ手順で [load] グループを設定する．ここで面へ設定する集中荷重の種類 (節点への分配方法) は，入力値の扱い方として図 3.1.35 下のように 3 種類がある．

(1) 節点あたりの荷重：入力値を指定面のすべての節点にセット

(2) トータル荷重：入力値を指定面の節点数で等分して節点にセット

(3) 等分布トータル荷重：指定面が等分布荷重となる調整値を節点にセット

通常の荷重条件では指定面全体へ等分布する荷重を想定し全体としての集中荷重値が設定されるが，これを実現するために方法 (1) では入力値の設

図 **3.1.35**　境界条件の設定 (上：固定条件，下：荷重条件)

定に指定面の節点数があらかじめ必要であり，方法 (2) では指定面に節点が等分布していない場合には面倒な分配が必要になる．そこで方法 (3) では節点の分布状態により負担面積を考慮した入力値を節点に適切に分配して指定面への等分布荷重を実現できる (詳しくは EOM の p.23 を参照)．

⑤ ここでは最も適当な [等分布トータル荷重] を選択し，片持梁が引張り状態となるよう荷重を与えるため指定面の X 軸正方向に「1000 N」(約 102 kg) を [設定] する．

g.　解析例題の数値解析の条件設定と実行

有限要素法による数値計算では陰解法として，連立方程式を解くことにより変位や応力の結果を得る．この連立方程式解法については，1.3 節の解説を参考にして合理的に設定する．

ここでの例題 1-1 のような小規模の弾性応力解析では，計算手法としてのソルバ選択に対して制限はない．ただし FrontISTR の解析種類や要素種類によっては，ソルバが限定されている場合もあるので注意する．

① [設定項目] の [solver] より計算手法のソルバを設定するため，項目の左の [+]

ボタンを押して [線形 solver] を選択する．なおこの名称の「線形」は連立方程式の線形代数の意味であり線形解析とは別である．

② 計算手法は [METHOD] で設定でき，デフォルトでは反復方法の [CG] が選択されている．詳細な前処理手法，反復回数，打ち切り時間などが設定できるようになっており，問題が複雑で大規模になり解析が収束しない場合にはこれらを変更するが，ここではそのままで [設定] する．

③ 次に [設定項目] の [出力] を選択して，出力項目の設定を行う．左欄 [出力項目] の候補から選択して [選択>>] より，実際に出力する右欄 [設定する出力項目] に追加する．標準の設定では [変位] と [各種応力] が選択されており，ここでは [節点ひずみ] を [選択>>] して [設定] する．

④ 解析を実行するために [設定項目] の [solver] を選択して，ここでは並列処理を行わず計算経過のログ出力の設定も変更しないため，デフォルトで [設定] して，[FrontISTR 実行] ボタンを押して実行する．

⑤ 図 3.1.36 に示すような画面に計算経過が表示され，最後に「FrontISTR

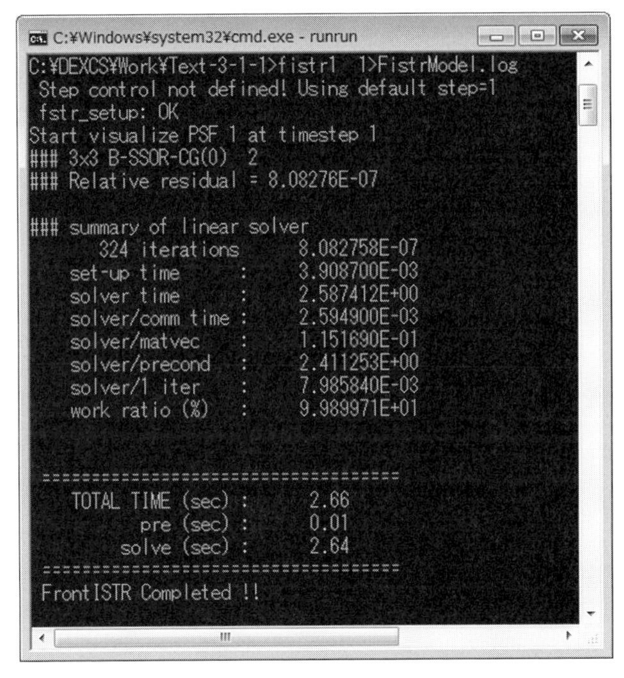

図 3.1.36 解析実行の結果

Completed !!」と表示されて計算が完了する．実際の計算は FrontISTR のソルバ「fistr1.exe」が起動して，これまでに設定した入力情報を元にして計算を進める．著者の環境 (CPU が Core i7 2.2 GHz の，VirtualBox の仮想環境上の Windows) では [TOTAL TIME] が 2.78 秒で計算が完了している．なお EasyISTR の [folder 開く] ボタンで解析フォルダの内容が確認できる．

h. 解析例題の結果の変換，可視化ツールの設定と実行

① 解析結果を可視化するポスト処理ツール ParaView の準備と起動を行うために，[設定項目] の [post] を選択して，[ParaView による可視化] の項目において，[データ変換] を押して FrontISTR の計算結果を，ParaView で利用できるデータ形式 (VTK 形式) に変換する．

② さらに構造解析の応力を分析するときに必要となる主応力などを計算するために [主応力追加] を押して，応力とひずみにおいて可視化で必要となるデータを選択して [追加] する．ここでは標準の [主応力の主値] のみが選択されている状態で進める．

③ 最後に結果ファイルを可視化するために [ParaView 起動] を押す．ParaView が起動するので [Apply] を押して進めると，解析モデルの形状が確認できる．ParaView は非常に多彩な表現機能があり，設定の手順も複雑になっている

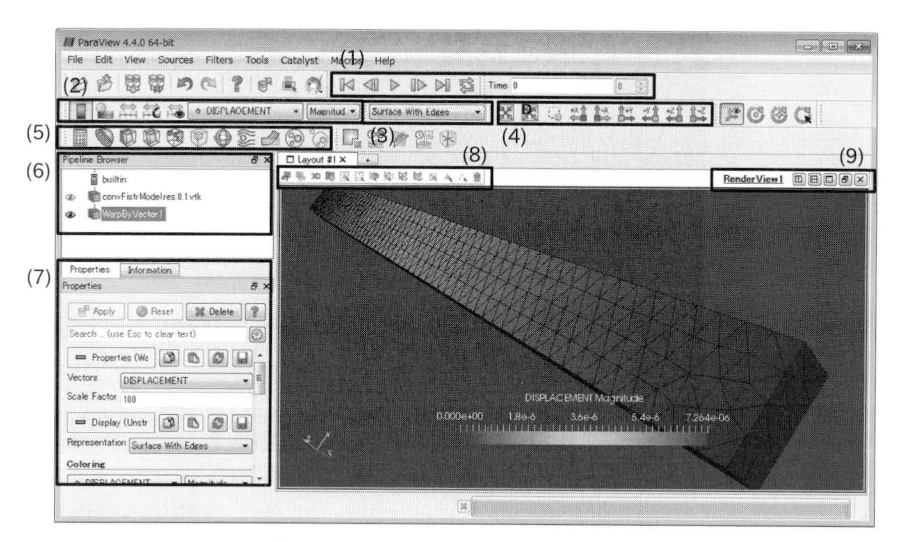

図 3.1.37 ParaView の操作ボタンの概要

ため，ここでは操作方法の概要を示すので，詳細な手順については OSM や EOM の p.26 を参考にされたい．次の「i. 解析例題の結果の比較検討と分析」において，目的とする結果分析に必要な可視化を実現するための具体的な操作方法についても，上記の OSM で説明する．

ここで ParaView ツールの図形操作の簡単な手順を以下にまとめる．

- 物体回転：左ドラッグ，Shift+左ドラッグ (画面内の回転)
- 平行移動：Shift+右ドラッグ
- 拡大縮小：Ctrl+左ドラッグ，右ドラッグ，スクロールホイール前後回転

ParaView のウインドウの各種機能の概要を以下に示す．なお番号 (1)～(9) は図 3.1.37 の指示に対応している．

(1) 連続する時系列やステップに関するデータ表現の進行などを設定する．
(2) 物体の表面にカラー表示するために設定した解析結果データを選択する．
(3) メッシュ表示の可否など解析結果データを表示する方法を選択する．
(4) 解析モデルの全体表示や XYZ の座標軸から見た表示を選択する．
(5) 変形図や断面図などの様々な可視化表現の加工方法を選択する．
(6) [Pipeline Browser] 可視化する対象のデータや可視化結果の一覧を確認する．
(7) [Properties/Information] 可視化方法の詳細設定や可視化結果の情報を確認する．
(8) 可視化の視点の選択や表示結果の特定部分の選択を行う．
(9) 可視化結果を表示するウインドウの設定を変更する．

i. 解析例題の結果の比較検討と分析

例題 1-1 では片持梁の引張状態の基本的な解析を行った．この結果を詳細に分析し，「a. 解析例題の理論的な説明と比較結果」で注目した 3 項目の力学特性を理論解と解析解の比較検討により具体的に構造解析を理解することを目指す．なお例題 1-1 の解析では，有限要素の設定において十分な精度を確保するための詳細なメッシュや 2 次要素を用いておらず，あえて完全な結果をもたらす設定としていない．よって以下の各種の応力度の値は，分析の練習として用いるものであり，本書の内容を習得したのちに各自で精度追求に挑戦し正確な解析結果を実現されたい．

■ サン–ブナンの原理：力学現象の局所的な影響は遠方には届かない

この特性は，荷重や反力の局所的な乱れの影響は，作用範囲の大きさ以上に離れた場合には無視できるというものである．つまり，断面内の応力分布の乱れは

遠方では無視できる．この例題 1-1 の場合には，棒材としての構造力学理論と断面をもつ有限要素解析について，以下の 2 つの条件からサン–ブナンの原理を分析する．

〈観点 (1) 固定端の拘束条件〉

構造力学では棒材の固定端は端部の 1 点をすべての方向 (XYZ 軸) に固定しているが，直交する断面方向の影響には言及していない．しかし有限要素解析では固定面に含まれるすべての節点に対して XYZ 方向が固定されており，断面方向の影響が含まれている．

〈観点 (2) 荷重端の集中荷重〉

構造力学では棒材の荷重端には集中荷重の引張力が作用している．しかし有限要素解析では荷重端に含まれるすべての節点に対して X 方向の荷重を分割して設定している．今回は荷重面が等分布状態になるように，節点の負担面積を考慮した「等分布トータル荷重」により設定している．

これらの特性は，解析結果の応力の分布状態を詳しく調べることで確認できる．OSM を参考にして可視化ツール ParaView を操作することで，有限要素解析の結果を抽出して力学性状を詳細に分析する．

《分析 (1) 固定端の拘束条件》

この例題 1-1 は片持梁の引張応力状態なので，引張荷重 1000 N に対して断面積が $2 \times 1 = 2\,\mathrm{cm}^2$ ($2.0\mathrm{e}{-4}\,\mathrm{m}^2$) であり $5.0\mathrm{e}{+6}\,\mathrm{N/m}^2$ が理論解での引張応力度となる．

これに対して，OSM の操作手順により，有限要素解析の結果の中で注目する 4 種類の応力度を図 3.1.38 として可視化した．ここで説明した操作手順では他にも様々な種類の応力度が表示できるので確認してほしい．

この図では有限要素解析の結果として，節点での各方向での垂直応力度やせん断応力度とミーゼス応力度の値をカラースケールで表示している．応力度の表記として，「XX」は X 軸に直交する面に作用する X 方向への垂直応力度であり，「YY」も同様の定義であり，「XY」は X 軸に直交する面に作用する Y 方向へのせん断応力度である．

またミーゼス応力度は上記の応力度が方向に従って定義されるのに対して，3 つの主応力や 9 つの応力度成分から，式 (3.1.4), (3.1.5) として定義される．

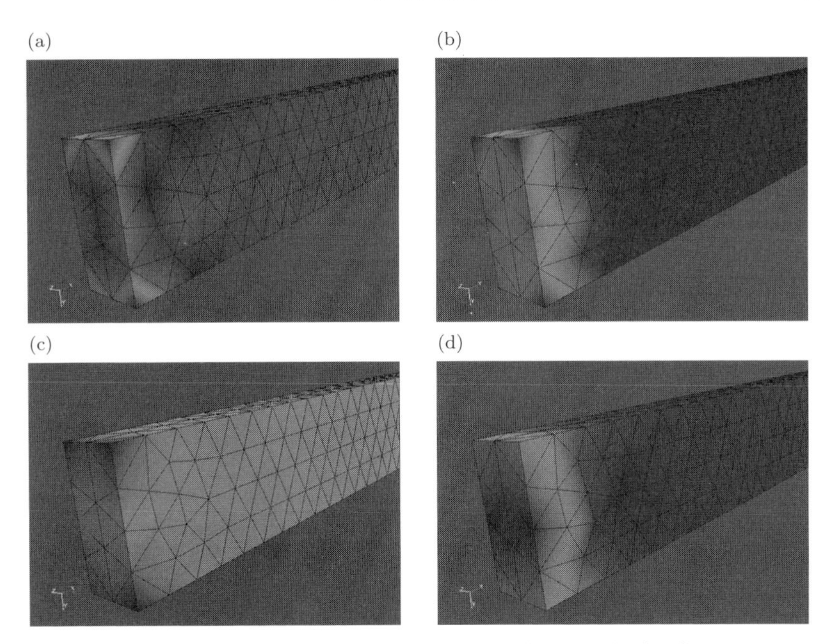

図 **3.1.38** 固定端の拘束条件を分析する解析結果：各種の応力度
(a) NodalSTRESS XX, (b) NodalSTRESS YY, (c) NodalSTRESS XY,
(d) NodalMISES.

主応力によるミーゼス応力度

$$\sigma_{\mathrm{MISES}} = \sqrt{\frac{1}{2}\{(\sigma_1 - \sigma_2)^2 + (\sigma_2 - \sigma_3)^2 + (\sigma_3 - \sigma_1)^2\}} \tag{3.1.4}$$

ここで，σ_1：最大主応力，σ_2：中間主応力，σ_3：最小主応力とする．

応力度成分によるミーゼス応力度

$$\sigma_{\mathrm{MISES}} = \sqrt{\frac{1}{2}\{(\sigma_{xx} - \sigma_{yy})^2 + (\sigma_{yy} - \sigma_{zz})^2 + (\sigma_{zz} - \sigma_{xx})^2 + 3(\sigma_{xy}^2 + \sigma_{xz}^2 + \sigma_{yx}^2 + \sigma_{yz}^2 + \sigma_{zx}^2 + \sigma_{zy}^2)\}} \tag{3.1.5}$$

これらの応力度は方向をもたないスカラー値として，特定の 1 点に 1 つの値が定まるため，応力状態の概要を把握するのによく利用される．また力学的な意味として，多方向に作用する応力度を複合的に考慮して 1 軸の応力に換算することにより，材料の降伏などを判断する指標としても利用される．

まず図 3.1.38 (a) NodalSTRESS XX を分析する．単純な片持梁と考えるならば X 軸方向の応力度 5.0e+6 $\mathrm{N/m^2}$ だけを想定するが，有限要素解析では固定端の断面四隅に 24%ほど大きな応力度がある．これは引張力により片持梁が伸びてポアソン比の効果により断面が細くなるが，固定面に含まれる節点は全方向に固定されており変形が拘束されることにより，付加的な応力度が発生した結果である．

次に図 3.1.38 (b) NodalSTRESS YY を分析する．これは断面の Y 軸方向の応力度であり片持梁の固定端から少し離れた部分の値は 2.4e+4 $\mathrm{N/m^2}$ となり，ポアソン比の効果で多少の値が出るがわずか 0.7%である．

次に図 3.1.38 (c) NodalSTRESS XY を分析する．これは X 軸に直交する固定面の Y 軸方向のせん断応力度であり，ポアソン比の効果で断面が中心軸に向かって細くなるため値が 8.1e+5 $\mathrm{N/m^2}$ の正負に分かれるが引張力の 16%程度である．

最後に図 3.1.38 (d) NodalMISES を分析する．これはミーゼス応力度であり式 (3.1.4), (3.1.5) を用いて計算された結果である．青色の最小値が 3.364e+6 $\mathrm{N/m^2}$ であり最大値が 5.077e+6 $\mathrm{N/m^2}$ であるが，解析モデルのほぼ全体は最大値となり誤差は 1.5%程度である．

以上 4 つの結果を見ると，固定面近傍では想定する引張応力度よりミーゼス応力度が 33%小さくなり，ポアソン比の影響により付加的な応力が見られるが，これらの影響は固定面の Y 方向に長さ 2 cm 以上離れることで無視できることが確認できた．

《分析 (2) 荷重端の集中荷重》

荷重端には全体で 1000 N の集中荷重を想定して，等分布トータル荷重を断面積 2 $\mathrm{cm^2}$ に作用させているので，図 3.1.39 に示すように，荷重値は等分布荷重と

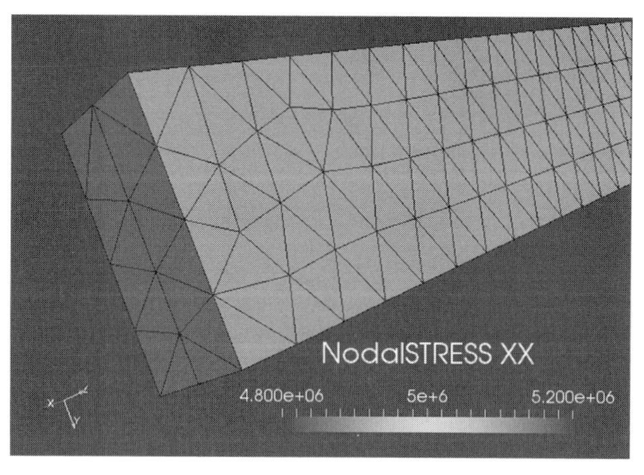

図 3.1.39 荷重端の応力度の分布

して均等に 5.0e+6 N/m^2 となる．OSM の操作手順により，荷重面における各節点での応力を表示すると，ミーゼス応力度も X 方向の垂直応力度も想定した値と同一であることが分かる．

ただし実際の荷重面の 15 個の節点に作用した荷重は，例題 1-1 の解析フォルダ「Text-3-1-1」の解析制御データファイル FistrModel.cnt の「!CLOAD」の部分に記述されており，上記の操作手順によって荷重面の節点番号を調べて対応させると，等分布トータル荷重として各節点の負担面積に応じて集中荷重 1000 N が分配されていることが分かる．なお FrontISTR では節点番号が 1 番から割り振られているが，ParaView では 0 から PointID が割り当てられているので注意が必要である．

■ ポアソン比の効果：荷重の方向とは別の方向への変位に注意する

棒材を引張ることで，荷重の作用する方向への伸びに注目することは当然だが，ポアソン比の効果によってわずかだが荷重方向と直交する断面方向にも変形が生じるため，この影響を歪度に注目して確認する．例題 1-1 の材料は鋼でありポアソン比は 0.29 であり，以下の 2 つの条件からポアソン比の効果を分析する．

〈観点 (1) 変位量からの歪度の計算〉

引張力による軸方向の伸びから歪度が計算できるので，この値と有限要素解析による歪度の値を比較検討する．

〈観点 (2) 歪度によるポアソン比の確認〉

上記で求められた荷重方向のひずみと直交する方向のひずみを調べて，これらの結果からポアソン比の値を確認する．

先と同様に OSM を参考にして，ParaView を操作することで，有限要素解析の結果を抽出して力学性状を詳細に分析する．

《分析 (1) 変位量からの歪度の計算》

例題 1-1 は長さ 30 cm で断面が 2×1 cm の片持梁である．OSM の操作手順により，最大変位となる荷重面の隅点の移動量を調べると，図 3.1.40 に示すように以下の値となる．

節点番号：1　X: 7.264e−06 m, Y: −9.063e−08 m, Z: −5.622e−08 m

これを解析モデルの寸法 (X: 0.3 m, Y: 0.02 m, Z: 0.01 m) で割ると，片持梁全体のマクロな意味での歪度が以下のように求められる．

節点番号：1　X: 2.421e−05, Y: 9.063e−06, Z: 11.244e−06

一方，有限要素解析による歪度 NodalSTRAIN を調べると，以下の値となる．

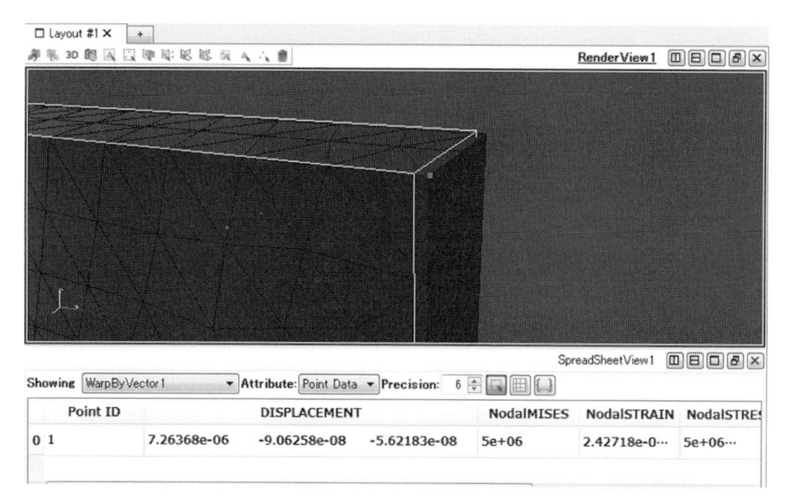

図 3.1.40　荷重面での節点の変形量

$$節点番号：1\quad X\text{: 2.427e}-05,\ Y\text{: 7.038e}-06,\ Z\text{: 7.038e}-06$$

X 軸方向のひずみはよく一致しており 0.16%の誤差でしかないが，断面方向のひずみは桁のみ同等であるものの大きく値が異なっており，マクロな意味でのひずみは解析モデルの形状や荷重方向によって有効となる場合がある．

《分析 (2) 歪度によるポアソン比の確認》

先に示した有限要素解析による節点 1 の歪度 NodalSTRAIN の値から，ポアソン比の定義である Y または Z 方向歪度/X 方向歪度を計算すると 0.290 となり，設定したポアソン比と完全に一致していることが分かる．

■ フックの法則：十分小さな力に対して変形は正比例する

フックの法則は，弾性材料に関して荷重と変形の関係を表しており，応力度 σ と歪度 ε とヤング率 E を用いると「$\sigma = E \cdot \varepsilon$」となる．これは十分に小さな荷重に関しては多くの材料で満足する性質となる．ここでは式 (3.1.3) で定義された関係式から，鋼でつくられた例題 1-1 の片持梁の引張状態において，先端での変形量 δ を分析する．

〈観点 (1) フックの法則と解析結果の比較検討〉

式 (3.1.3) の理論式からの変形量 δ と，設定した条件における有限要素解析の結果を比較検討する．

〈観点 (2) 弾性解析としての変形の比例関係〉

荷重値を変化させたときに，有限要素解析の結果において正比例の関係が成立しているかを確認する．

先と同様に OSM を参考にして，ParaView を操作することで，有限要素解析の結果を抽出して力学性状を詳細に分析する．

《分析 (1) フックの法則と解析結果の比較検討》

例題 1-1 の設定条件 ($N = 1000\,\mathrm{N}$, $L = 30\,\mathrm{cm} = 0.3\,\mathrm{m}$, $A = 2\,\mathrm{cm} \times 1\,\mathrm{cm} = 2\,\mathrm{cm}^2 = 2\mathrm{e}{-4}\,\mathrm{m}^2$, $E = 205\,\mathrm{GPa} = 2.06\,\mathrm{ell}\,\mathrm{N/m}^2$) により，片持梁先端の荷重面での変形量 δ は

$$\delta = \frac{N \cdot L}{EA} = 7.282\mathrm{e}{-6}\,\mathrm{m} \tag{3.1.6}$$

となる．OSM の操作手順により，解析モデル全体の変形状態を調べると，図 3.1.41 に示すようになる．図より先端の変形量は 7.264e−6 m となり，誤差は 0.25%と非常に小さい．この程度の少ない要素数であっても単純な引張状態であれば，十分な精度で解析できることが分かる．

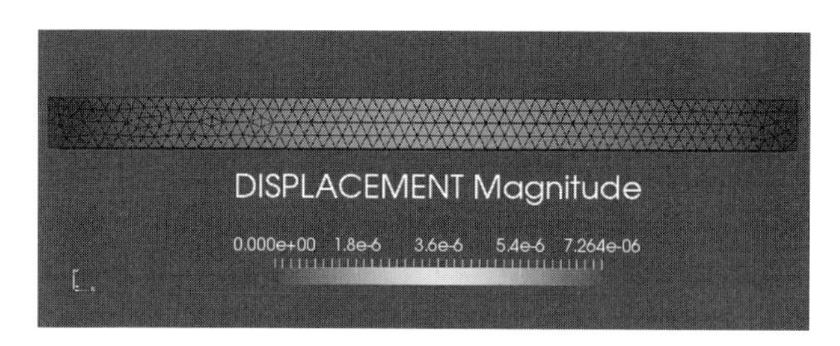

図 3.1.41 解析モデル全体の変形状態

《分析 (2) 弾性解析としての変形の比例関係》

荷重値 1000 N に対する変形量が 7.264e−6 m となることから，これをバネとみなすとバネ定数は 1.377e+8 N/m となる．この値を用いて，荷重値を 2000 N と設定して解析を行うと変形量は 1.452e−5 m と予想される．実際に荷重値を変更して有限要素解析を行うと，1.453e−5 m となり四捨五入の誤差をふまえれば完全に比例関係が成立している．

ただし例題 1-1 では，弾性応力解析として実行しており，鋼の材料特性も弾性の条件しか設定しておらず，解析手法についても [線形弾性静解析] を選択しているため，この比例関係は必ず成立する．

なお実際の一般的な鋼の材料特性では，材料の弾塑性状態になる降伏限界が 2.225e+8 N/m^2 (235 MPa)，例題 1-1 の荷重 1000 N による応力度が 5.0e+6 N/m^2

であり十分に小さいため，この解析では比例関係が成立する弾性範囲となる．

3.1.5　例題 1-2：片持梁の圧縮状態の解析

a.　解析例題の理論的な説明と比較結果

ここでは片持梁を軸方向に圧縮した場合の解析を説明する．解析例題の形状や設定などは先の例題 1-1 とほぼ同様なので，設定が異なる部分や注意を要する手順についてのみ注目する．

片持梁として横に置いているが，棒材の圧縮方向に荷重を作用させており，現実の構造物としては建築物の柱や橋梁の柱脚などに対応する．先の引張状態の例題 1-1 では，材料特性が弾性範囲の比較的小さな荷重状態を想定すると，単純に荷重の大きさと伸び変形が比例する結果となった．

しかし例題 1-2 では圧縮状態にある部材を考えるとき，細い棒材の場合には座屈という構造設計において問題となる現象が生じる．これは圧縮力が限界値に達すると，棒材が急激に荷重方向とは異なる横方向に大きく曲がる現象をいう．例えば，薄い定規などを手で両側から押すとある瞬間に急に大きく曲がりだすことをイメージしてもらえればよい．

棒材の座屈については，構造力学において「オイラー座屈」として定式化されており，図 3.1.42 に示すような理想化された両端が単純支持された部材においては，以下のように式 (3.1.7) のオイラー座屈荷重 $P_{\rm cr}$ が定義される．

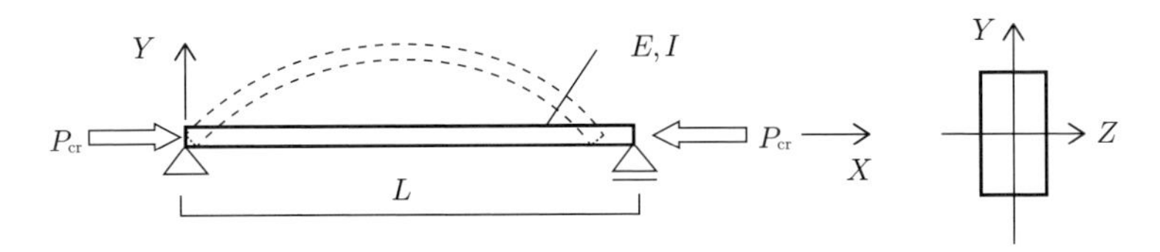

図 3.1.42　オイラー座屈の部材の状態

曲げ剛性 EI (E：ヤング率，I：断面 2 次モーメント) の断面をもつ長さ L の部材が圧縮力 P を受けるとき，部材軸 x に対するたわみ y は，次の微分方程式で表される．

$$\frac{d^4y}{dx^4} + \frac{P}{EI}\frac{d^2y}{dx^2} = 0$$

これを解くと

$$P_{\rm cr} = c \cdot \frac{\pi^2 EI}{L^2} \tag{3.1.7}$$

ここで c は，部材両端の拘束状態に対応する係数で，ピン支持+ピン支持：1.0，自由端+固定支持：0.25，固定支持+固定支持：4.0 である．

本書では定式化の展開は省略するが，座屈した状態での力の釣り合い式を微分方程式で記述することにより，オイラー座屈荷重の定式化は可能であり，発展的課題として取り組んでほしい．

断面 2 次モーメントの I は断面の曲がりにくさの観点から見た太さを表しており，値が大きいほど曲がりにくいことを表し，断面の寸法や形状によって決められる．例えば四角形の断面の場合には，図 3.1.42 の例では部材軸を X とすると断面 2 次モーメントは I_Y と I_Z が定義されるが，拘束の状態がこの 2 つにおいて同様ならば，断面 2 次モーメントの大小関係は $I_Y < I_Z$ となり，値の大きな Z 軸が強軸で小さい Y 軸が弱軸となる．この場合には座屈は弱軸周りで生じることになり，図 3.1.42 の例では座屈によって Z 軸方向に曲がりだすことになる．

この座屈現象を構造解析で検証するには，剛性マトリクスの定義において微小変形現象ではなく大変形現象をふまえた幾何学的非線形を考慮した定式化を行う必要がある．これは構造物の変形によって剛性マトリクスが変化する状態を定式化することになり，例えば片持梁が曲がるときに軸方向への変化を考慮する場合や，周辺が固定された薄板に圧力が作用する場合が対応する．なお微小変形と大変形との区別については，構造解析の対象や条件に依存するので単純な基準を決めるのは難しいが，目安としては対象構造物の大きな寸法の 5%程度より大きな変形については大変形とみなして幾何学的非線形性を考慮することが必要になる．また感覚的にいえば変形状態を目視で確認できる場合，つまり構造解析の可視化において表示倍率 1 で変形が確認できる場合については，大変形として扱うことが必要になる．

剛性マトリクスの幾何学的非線形性を考慮した定式化は，構造解析学の高度な内容となるため，本書では扱わないが発展的課題として取り組んでほしい．

この座屈現象を分析するには，材料は弾性としても大変形に対応した幾何学的非線形性を考慮する必要があるため，増分収束計算の設定が必須である．ここでは基本となる増分収束計算の設定を説明する．

例題 1-2 では構造解析としての確認項目と構造力学の学習項目として，以下の注目点がある．

■ 線形弾性解析での圧縮力での変形：線形では単に圧縮される

例題 1-1 の引張力が作用した設定に対して，図 3.1.43 に示すように，単に荷重の向きを逆にして圧縮力とした場合には，フックの法則による変位量だけ長さが短くなる．ここで解析対象の部材の状態から求められるオイラー座屈荷重を超える荷重が作用した場合を，線形弾性解析で実行した場合にどうなるかを確認する．

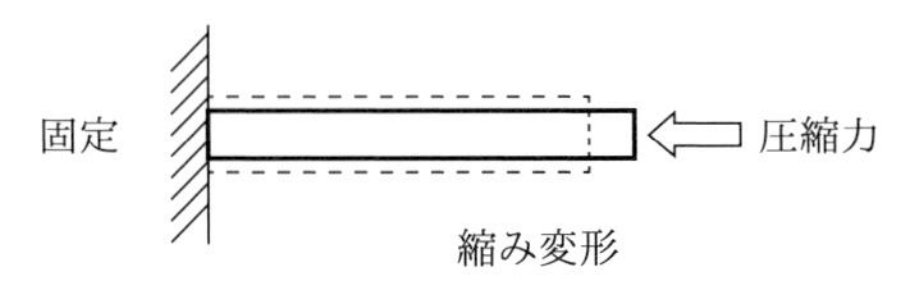

図 3.1.43 線形弾性解析での圧縮状態

■ 大変形の非線形弾性解析での座屈：非線形では座屈が発生する

幾何学的非線形性を考慮した非線形弾性解析を用いて，図 3.1.44 に示すようにオイラー座屈荷重を超える荷重を与えた場合の部材の座屈現象が，どのような条件で発生するか，どのような状態の座屈となるかを確認する．また増分収束解析の設定によって，非線形解析がどのように実行されるかも検証する．

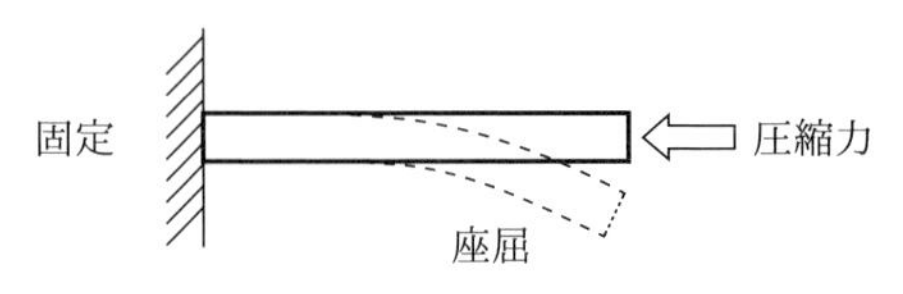

図 3.1.44 非線形解析での座屈状態

b. 解析例題の荷重条件の設定と結果の比較検討

まず例題 1-2 用の解析フォルダ「Text-3-1-2」を，デスクトップの解析作業用フォルダ「Work」の中につくり，例題 1-1 でつくったメッシュファイル「beam-1.unv」をコピーしておく．

デスクトップ上の「easyistr」アイコンをダブルクリックしてツールを起動して，例題 1-2 の解析条件を設定するが，固定条件も片持梁として材料も同様な設定とするので，基本的な手順は例題 1-1 と同じになる．そこで 3.1.1 項の手順 d〜g までを参照して設定し，荷重の大きさは例題 1-1 と同じ 1000 N とするが，設定の向きを圧縮方向になるように負 (−) として，例題 1-2 の構造解析を実行する．

■ 線形弾性解析での圧縮力での変形：線形では単に圧縮される

〈観点 (1) 線形解析での圧縮力による変形量の確認〉

例題 1-1 の引張状態と荷重を逆にした圧縮状態の部材において，どれだけの変形が生じたかを確認する．

〈観点 (2) オイラー座屈荷重を超える荷重での変形状態の確認〉

オイラー座屈荷重の公式より，例題 1-2 の解析モデルに対してオイラー座屈荷重を計算し，これを超える荷重を設定した場合の線形弾性解析での変形状態を確認する．

《分析 (1) 線形解析での圧縮力による変形量の確認》

3.1.1 項の手順 h と i を参考にして，OSM の操作手順により，解析結果を可視化する．鋼材の微小な部分に関する材料特性としては，圧縮も引張も同じヤング率によるフックの法則に従うため，例題 1-1 の変位量 δ と同等になることが予想される．

表示項目の [DISPLACEMENT] では，最初は XYZ 方向すべての変位を考慮した変形量の [Magnitude] が選択されている．ここでは部材軸の X 方向を選択すると変位量 δ は $-7.264\mathrm{e}{-6}\,\mathrm{m}$ となり，0.25%のわずかな誤差があるが同一の変位量が部材が縮む方向に確認できた．

《分析 (2) オイラー座屈荷重を超える荷重での変形状態の確認》

オイラー座屈荷重の公式 (3.1.7) を構成する値を，図 3.1.45 に示すように定める．c は部材の固定状態に対応する係数で，例題 1-2 の片持梁は固定端 + 自由端なので $c = 0.25$ となる．なおピン支持 + ローラー支持の単純梁の場合は基準となる形式なので $c = 1.0$，両端が固定端の場合には $c = 4.0$ となる．π は円周率 3.141592 として，E はヤング率で $2.06\mathrm{e}{+11}\,\mathrm{N/m^2}$，$I$ は断面 2 次モーメントで矩形断面では弱軸周りの断面 2 次モーメント I_Y は $0.1667\mathrm{e}{-8}\,\mathrm{m^4}$，$L$ は部材長さで $0.3\,\mathrm{m}$ となる．

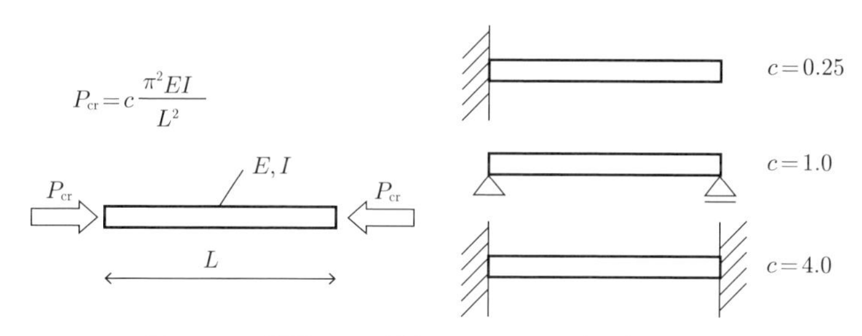

図 3.1.45 例題 1-2 の弱軸周りのオイラー座屈荷重の計算

以上の設定により例題 1-2 の圧縮材のオイラー座屈荷重は $P_{\mathrm{cr}} = 9414.56\,\mathrm{N}$ となり，今回の解析の圧縮方向の荷重設定 1000 N では座屈の発生する荷重の 1 割程度になる．そこで座屈荷重を超えた状態として，荷重設定 10000 N として解析を行ってみる．変位量 δ は $-7.264\mathrm{e}{-5}$ m となり荷重の 10 倍に対応して変位量も 10 倍となっている．

さらに荷重設定を大きくして，オイラー座屈荷重の倍の 20000 N として解析を行ってみる．変位量 δ は $-1.453\mathrm{e}{-4}$ m となり荷重の大きさと比例して増加しているが，片持梁の変形状態は倍率 1 では確認できないほど小さいので，[Scale Factor] を 100 として変形図を確認すると，図 3.1.46 に示すように軸方向に縮んでいるだけで横方向に曲がる座屈は確認できない．

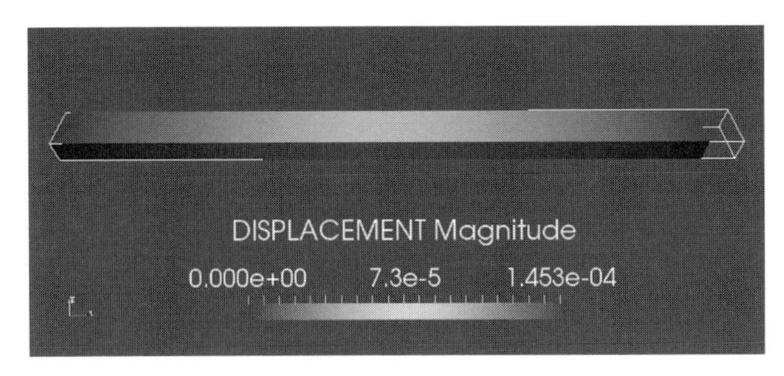

図 3.1.46　変位量を 100 倍に表示した片持梁の圧縮状態

以上により，オイラー座屈荷重を大きく超える荷重を設定しても，幾何学的非線形性を考慮しない線形弾性解析では，座屈現象を確認できない．

なお数値解析では完全な形状がモデル化されているため，座屈が生じるためには，何らかの初期不整的な効果が必要となる．ここでの解析では，メッシュが完全に均質でないことが同様な効果となる．

■ 大変形の非線形解析での座屈：非線形では座屈が発生する

先の検証により，線形弾性解析では座屈現象を確認できないことが分かったので，幾何学的非線形性を考慮した非線形解析を用いて，圧縮された片持梁で座屈現象が生じるかを確認し，その座屈性状を分析する．

〈観点 (1) 非線形解析で座屈現象が生じるかの確認〉

非線形解析としてオイラー座屈荷重と同等の荷重 10000 N を大きく超える荷重 20000 N を設定して，非線形解析の増分ステップを 10 とした場合に変形の状態から座屈現象を確認する．

〈観点 (2) 増分設定の変更による正確な座屈現象の確認〉

非線形解析の増分ステップを変化させた場合に，座屈現象の分析がどのように可能になるかを確認する．またオイラー座屈荷重の値と増分計算での座屈が発生する荷重を比較検討する．

〈観点 (3) 座屈の方向や変形の変化の可視化結果からの確認〉

非線形解析によるオイラー座屈現象が正確に確認できたならば，可視化結果から，荷重の方向や効果に注目して座屈の変形状態や応力分布を分析し，座屈現象の構造解析についてまとめる．

《分析 (1) 非線形解析で座屈現象が生じるかの確認》

① まずオイラー座屈荷重と同等の圧縮力 (負値) としての荷重 10000 N を設定し，[設定項目] の [解析の種類] より，[非線形静解析] を選択して設定する．次に [ステップ解析] の [設定項目] より，左の [group 名の STEP] を指定して，[選択>>] ボタンで右の [設定する出力項目] に移動させて，[設定] する．

② [ステップ解析] の項目の下に [STEP] が追加されるので，これを選択する．上の収束条件の [SUBSTEPS] の値を 10 にして，下の [step 解析する境界条件] の左の [現在の境界条件] にある 2 つの項目 [BOUNDARY]，[CLOAD] を指定して，[選択>>] ボタンで右の [設定する出力項目] に移動させて，[設定] する．この [SUBSTEPS] の数値 10 は，設定した荷重値を 10 等分して作用させる設定となり，最初の 1 ステップ目の荷重は 1000 N となる．

③ 以上の非線形解析の設定より，[設定項目] の [solver]⇒[FrontISTR 実行] で解析を実行する．この場合は計算過程を示す画面において，増分計算の [timestep] の表示が 1 から 10 まで続き，途中で収束計算の状態が表示される．線形弾性解析は 1 回だけ連立方程式を解く方法であるため解析時間は 2.8 秒程度であったが，非線形解析では増分計算を 10 ステップ行い，収束計算や非線形剛性マトリクスの処理なども含むために，解析時間は 47.0 秒程度となり約 17 倍の計算時間が必要となった．

④ 同様な方法で圧縮された片持梁の変形状態を，ParaView を用いて可視化する．最初に表示される変形状態は変位量が 7.265e−6 m と表示されるが，これは増分ステップ 1 の変位量で先の荷重 1000 N の場合に相当する．

⑤ 図 3.1.47 に示すように，ParaView の増分ステップの表示ボタンを操作すると，増分ステップを動かしてアニメーションのように変形状態が確認できる．なお表示の [Time] は 0 から 9 の 10 段階となっている．最後の段階では荷重が 10000 N となり，先とほぼ同じ変位量 −7.269e−05 m となる．

⑥ 次にオイラー座屈荷重を大きく超える荷重 20000 N を設定して，増分計算

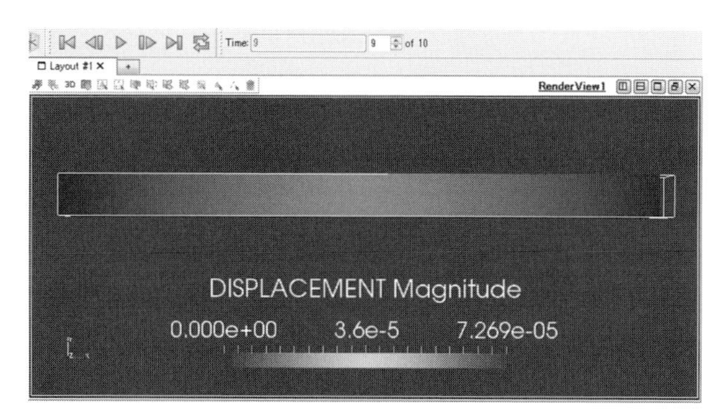

図 3.1.47　ParaView での増分ステップの操作と変形状態

の [SUBSTEPS] を 10 として同様な解析を行い，変形の状態を調べる．

同じ解析フォルダ内で，条件の異なる構造解析を繰り返すときには，基本的には増分解析の結果は上書きされることになるが，ステップ数を変化させた場合にはずれる場合もあるので，EasyISTR の右下の [folder 内クリア] を押して削除ファイルの指定として [現在の結果ファイル]，[log ファイル] をチェックして [削除] してから，次の解析を実行する．

⑦ 以上の設定で座屈させるための圧縮力としての荷重 20000 N の解析を行い，先と同様な手順で，ParaView を用いて可視化する．増分ステップの再生ボタンを押すと，図 3.1.48 に示すように，最後の段階で部材が圧縮されて座屈による変形で潰れた状態が見られる．これは実際に部材が潰れた様子ではなく，座屈現象により増分計算が破綻した状態を表しており，ステップを戻してみると Time=6 で 7 ステップ目までは正常で 8 ステップ目で Scale Factor=1 の表示であっても大きく曲がっていることが分かる．これより座屈現象が確認できた．

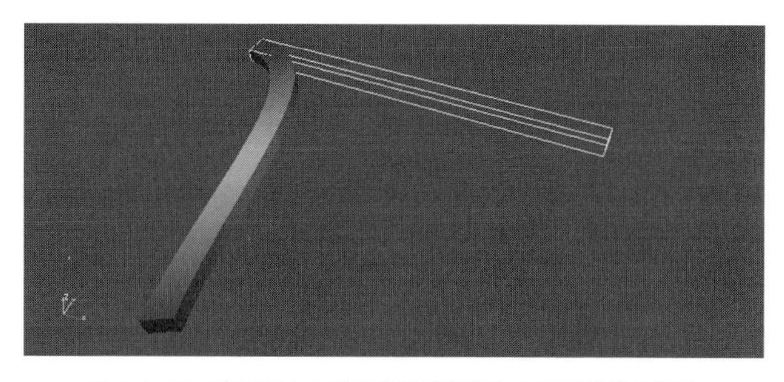

図 3.1.48　座屈により増分計算が破綻した変形状態の推移

なお，まれに「not converged within certain iterations」とエラーが出て計算が中断することがあるが，その場合は再度計算し直すと最後まで増分解析が進む．

《分析 (2) 増分設定の変更による正確な座屈現象の確認》

先の増分解析では [SUBSTEPS] を 10 と設定して 1 ステップの荷重増分が 2000 N として解析を行い 8 ステップ目で座屈現象が確認できたが，最終的には増分計算が破綻しているため，以下の手順で改善を試みる．

① まず [SUBSTEPS] を 20 に変更し 1 ステップの荷重増分を 1000 N として増分解析を行う．この解析は 203 秒で完了し，再生ボタンにより増分ステップ最後までの梁の変形状態を見ると，最後には片持梁の荷重を設定した自由端が部材軸と直交するくらいまで曲がって座屈していることが分かる．ステップを確認すると 16 ステップ目で座屈が発生していることになり 16000 N が座屈荷重となる．

② さらに詳細に調べるために，[SUBSTEPS] を 200 に設定し 1 ステップの荷重増分を 100 N として増分解析を行う．この解析は 1016 秒で完了し，同様に変形状態を確認すると，図 3.1.49 に示すように，151 ステップ目で座屈

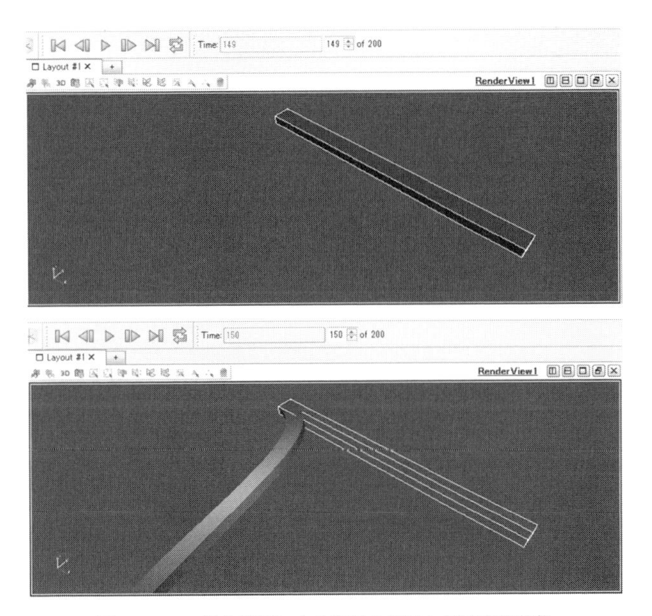

図 3.1.49 増分解析による座屈の瞬間と最終変形状態

が発生しており 15100 N が座屈荷重と推定できる．

③ 例題 1-2 の圧縮材のオイラー座屈荷重は公式 (3.1.7) より $P_{\mathrm{cr}}=9414.56$ N となるが，先の非線形解析の結果からは 15100 N となり，理論値よりも 60%ほど大きな値となっている．この誤差の原因は，座屈現象を正確に再現するには有限要素が十分小さくないと考えて，解析モデルの片持梁のメッシュを細かくした新しい解析モデルの beam-2.unv では，要素の最大サイズを 5 mm から 2 mm に変更して，節点数：10277，要素数：43585 となり，節点数は 12 倍で要素数は 17 倍以上としている．

④ この詳細な解析モデルで，最大荷重 20000 N に対して [SUBSTEPS] を 200 とし，1 ステップの荷重増分を 100 N として増分解析を行う．この解析は 4028 秒で完了し，増分ステップ最後までの片持梁の変形状態を見ると，最後には片持梁の荷重を設定した自由端が材軸方向の固定端の位置に達するくらいまで曲がって座屈していることが分かる．基本となる解析モデル beam-1.unv に比べて詳細な beam-2.unv では，有限要素の分割の粗密の違い

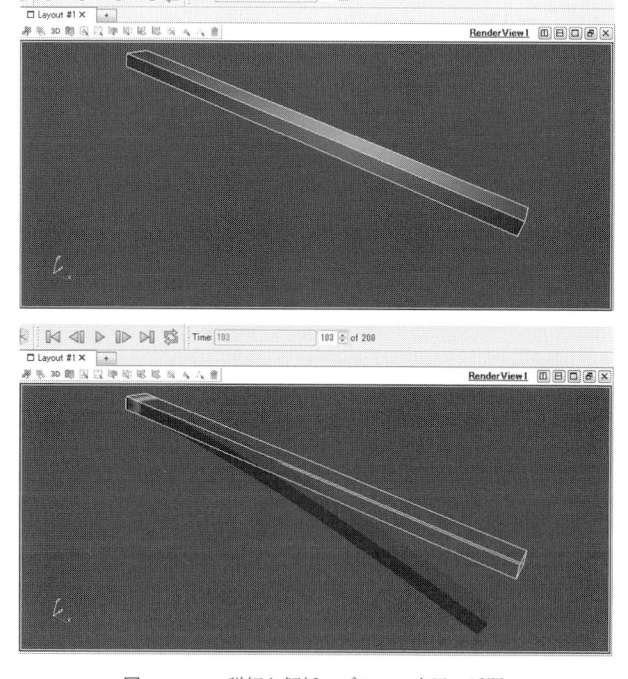

図 3.1.50　詳細な解析モデルでの座屈の瞬間

だけで座屈の曲げ変形が著しく大きく変化していることが分かる．図 3.1.50 に示すように，104 ステップ目で座屈が発生しており 10400 N が座屈荷重と推定できる．これは公式によるオイラー座屈荷重に比べて 10%ほど大きな値となっており，ほぼ公式どおりの座屈荷重といえる．

《分析 (3) 座屈の方向や変形の変化の可視化結果からの確認》

この解析では，片持梁の自由端に X 軸方向の圧縮力を作用させて，座屈現象を分析した．オイラー座屈荷重にほぼ対応した荷重で，片持梁が横方向に急激に曲がる現象が，細かな増分計算によって確認できた．

座屈は 104 ステップ目から発生するが，固定端の拘束条件には Y 軸 Z 軸の区別はなく同一であり，断面の長方形の強軸と弱軸に対応して，図 3.1.50 の下に示すように，弱軸 Y 軸周り (Z 軸方向) に曲がりだすことが確認できる．

このオイラー座屈を生じさせる圧縮力は，片持梁の自由端の断面に X 軸負方向に作用しており，座屈が生じて部材が曲がると断面も傾くことになるが，この場合でも圧縮力は部材軸の X 軸方向に作用しており，これより片持梁は大きく半円状に曲がることになる．

次に節点の応力分布を調べると，座屈が発生する直前の 103 ステップ目では圧縮力は 10300 N となり，応力度は部材の断面積 $A = 2.0\text{e}{-4}\,\text{m}^2$ から $5.15\text{e}{+7}\,\text{N/m}^2$ となるが，解析結果の部材中央での応力度を見ると $5.15\text{e}{+7}\,\text{N/m}^2$ で一致している．しかし 104 ステップ目で座屈が発生した段階で片持梁は大きく曲がりだし，曲げ変形による曲げ応力度が圧縮側と引張側に大きく発生していることが分かる．この曲げ応力度は，座屈の曲げ変形が大きくなるのに比例して大きくなってゆく．

3.1.6 例題 1-3：片持梁の曲げ状態の解析

a. 解析例題の理論的な説明と比較結果

ここでは片持梁の自由端に材軸方向と直交する荷重を作用させて曲げた場合の解析を説明する．解析例題の基本的な条件などは例題 1-1 と同様なので，変更点のみを説明する．

日常的には，棒材を縦に置いた場合を柱と呼び，横に置いた場合を梁と呼ぶことが多いが，建築の構造力学として柱と梁を区別すると，以下のようになる．

- 柱：構造部材の中で主に圧縮力を受けもち，外力を両端のみに受ける
- 梁：主に曲げモーメントやせん断力を受けもち，外力を全体に受ける

片持梁に荷重が作用するとき，同じ大きさであっても，引張力や圧縮力が作用

する場合の軸方向の変形に比べて，材軸と直交方向に作用して曲げモーメントが生じる場合では著しく大きな変形が生じる．よって構造物が大変形することで構造解析としても非線形解析が必要になる場合があり，増分計算や収束計算について，適切な設定を行う必要がある．

棒材に作用する曲げモーメントは，断面内の応力度分布で見ると，圧縮応力度と引張応力度が変化しながら分布しておりこれを曲げ応力度と呼ぶ．このときに応力度が 0 になる部分があり中立軸と呼ぶ．これら部材の断面に関する分析も曲げ状態の片持梁から可能である．

曲げ応力度 σ_{b} は，断面に作用する曲げモーメント M と断面係数 Z から式 (3.1.8) のように定義される．

$$\sigma_{\mathrm{b}} = \frac{M}{Z} \tag{3.1.8}$$

ここで断面係数 Z は，圧縮状態のときに用いた断面 2 次モーメント I を用いて，図 3.1.51 の右に示す寸法の定義から，式 (3.1.9) で定義する．

$$Z = \frac{I}{y} \tag{3.1.9}$$

したがって矩形断面 $(b \times h)$ では，$I = \frac{b \cdot h^3}{12}, y = \frac{h}{2}$ より $Z = \frac{b \cdot h^2}{6}$ となる．

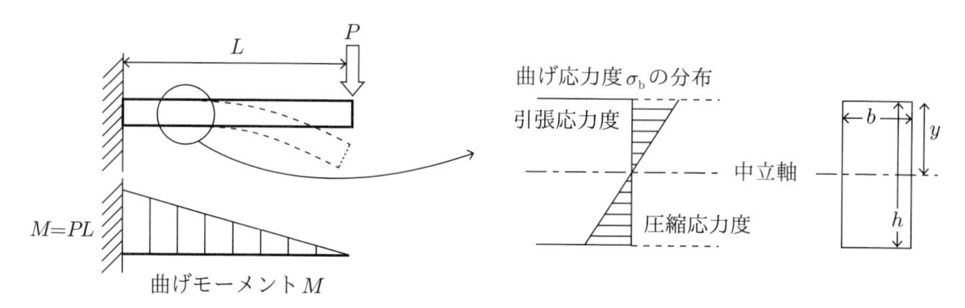

図 3.1.51　梁部材の曲げモーメントと中立軸の状態

以上の曲げ状態にある片持梁を扱う例題 1-3 では，構造解析としての確認項目と構造力学の学習項目として，以下の注目点がある．

■ 曲げた片持梁の断面の力学を確認する：中立軸と曲げ応力度

例題 1-3 の片持梁に対して，図 3.1.52 に示すように，色々な荷重条件を受ける中で，曲げモーメントにより生じた大きな曲げ変形の状態を調べる．さらに断面に生じる曲げ応力度の精度を検証したのち，分布状態から中立軸の位置を検討する．これらから曲げ材の力学的な基本事項を確認する．

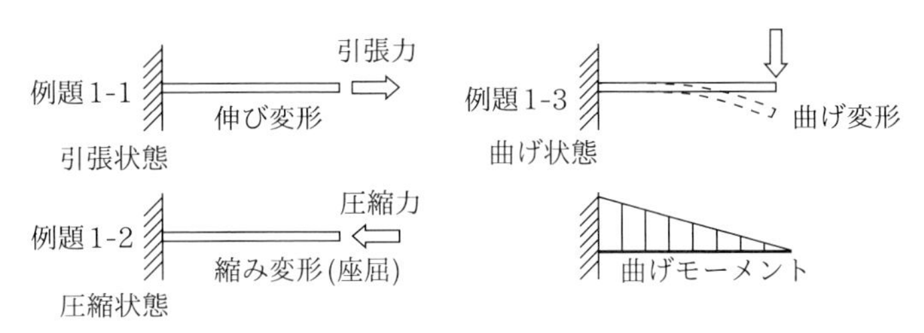

図 3.1.52 色々な荷重条件での梁部材の変形状態

■ 大きな曲げ変形を構造解析で分析する：非線形解析の増分と収束

軸方向に比べて大きな変形となる曲げ変形について，図 3.1.53 に示すように，基本となる微小変形に基づいた線形解析の結果と，幾何学的非線形性を考慮した非線形解析の結果とを比較してその影響を調べる．さらに非線形解析における増分計算や収束計算が結果に及ぼす影響を確認する．

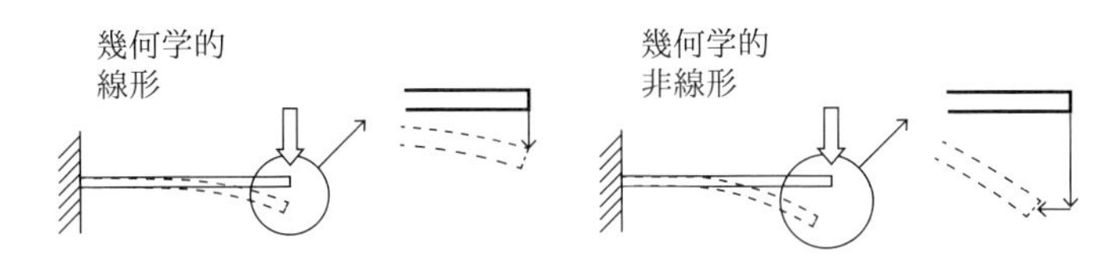

図 3.1.53 幾何学的な線形と非線形の曲げ変形の違い

b. 解析例題の荷重条件の設定と結果の比較検討

まず例題 1-3 で用いる解析フォルダ「Text-3-1-3」を，デスクトップの解析作業用フォルダ「Work」の中につくり，例題 1-1 でつくったメッシュファイル「beam-1.unv」をコピーしておく．

デスクトップ上の「easyistr」アイコンをダブルクリックしてツールを起動し，例題 1-3 の解析条件を設定するが，固定条件も片持梁とし，材料も同様な設定とするので，基本的な手順は例題 1-1 と同じになる．そこで 3.1.1 項の手順 d〜f の固定条件までを参照して設定しておく．

■ 曲げた片持梁の断面の力学を確認する：中立軸と曲げ応力度

〈観点 (1) 様々な種類の荷重を受けて曲げ変形する片持梁の状態の分析〉

荷重の方向や分布の状態を変化させることによって，曲げモーメントを受ける片持梁の変形状態や応力分布がどのように変化するかを分析することで，曲げ材の力学を学ぶ．

〈観点 (2) 曲げ状態にある片持梁の断面に生じる曲げ応力度の分析〉

曲げ状態にある片持梁の特定の断面に注目した場合に，曲げ応力度が圧縮側から引張側にかけて変化して分布していることを確認する．ここから断面に中立軸を確認する．

《分析 (1) 様々な種類の荷重を受けて曲げ変形する片持梁の状態の分析》

最初の解析として，荷重の大きさは例題 1-1 と同じ 1000 N とするが，設定の向きを材軸と直交する方向に作用させる．最初の例題としては，弱軸周りに曲げる Z 軸方向とする．

この場合の解析結果より，片持梁の自由端の荷重を受ける部分は，図 3.1.54 に示すように，荷重の方向に 16.33 mm 変位していることが分かる．

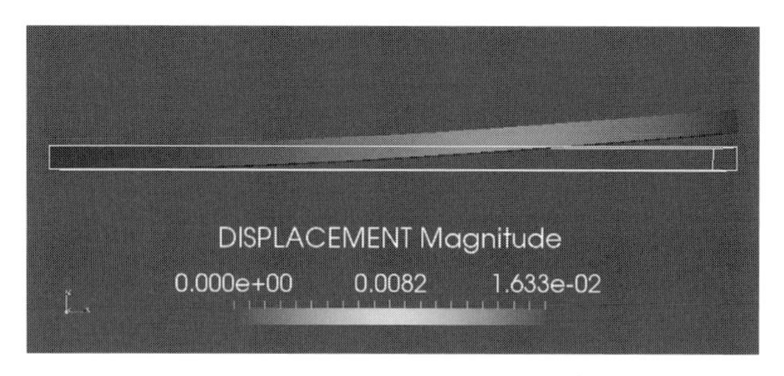

図 3.1.54 基準メッシュの片持梁の曲げ状態

この条件でのたわみ δ は荷重 $P = 1000\,\mathrm{N}$，部材長さ $L = 0.3\,\mathrm{m}$，ヤング率 $E = 206\,\mathrm{GPa} = 2.06\mathrm{e}{+}11\,\mathrm{N/m^2}$，弱軸 Y 軸周りの断面 2 次モーメント $I_Y = 0.1667\mathrm{e}{-}8\,\mathrm{m^4}$ として公式にあてはめると，

$$\begin{aligned}\delta &= \frac{PL^3}{3EI} \\ &= 0.026208\,\mathrm{m} = 26.208\,\mathrm{mm}\end{aligned} \tag{3.1.10}$$

となる．公式の結果 26.208 mm に比べて有限要素解析により得られた値は 16.33 mm と，半分程度の変形となる．

例題 1-1 の引張状態の場合には，この有限要素分割の解析モデルであっても十分な精度の結果が得られたのに対して，曲げ変形では随分と大きな誤差となった．そこで，例題 1-2 の最後で用いた有限要素の基準の寸法を 5 mm から 2 mm にして細かなメッシュをつくった「beam-2.unv」を用いて，新たな解析フォルダ「Text-3-1-3A」をつくり同じ解析を行ってみる．

この場合の有限要素解析では，先端の変位が 23.85 mm となり誤差が 9%程度に小さくなった．今後の分析はこの詳細な解析モデル beam-2.unv を用いて行う．確認のため強軸 Z 軸周りの曲げ変形をさせ，Y 軸方向に荷重を作用させてみると図 3.1.55 に示すように先端の曲げ変形は 6.412 mm となった．強軸 Z 軸周りの断面 2 次モーメント $I_Z = 0.6667\mathrm{e}{-8}\,\mathrm{m}^4$ として公式より計算すると 6.552 mm であるので，誤差は 2%程度となり良い結果となった．

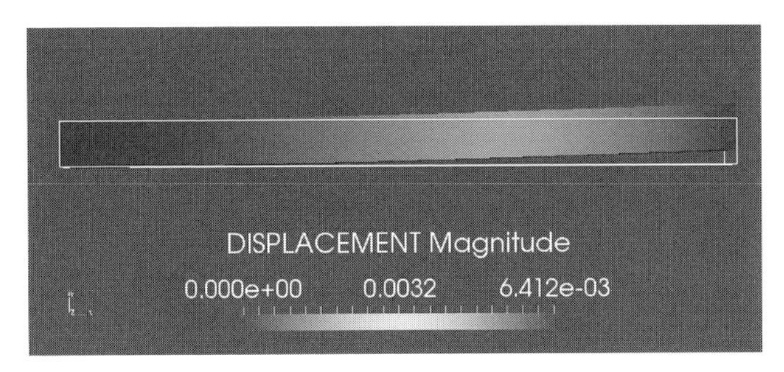

図 3.1.55　詳細メッシュの片持梁の曲げ状態

この結果を分析すると，小さな有限要素による詳細なメッシュの beam-2.unv の場合には，断面内の要素の個数が弱軸 Y 軸周りの曲げに対しては 5 個であるが，強軸 Z 軸周りに対しては倍の 10 個となり，この違いが計算精度に影響している．

さらに部材軸を X 軸にして，変形量と応力度を Y 軸に示すグラフを表示するために，OSM に従い可視化設定を行う．これは片持梁の圧縮側の上面の中央を評価する直線として，そこでの値を抽出してグラフ化することである．

荷重を作用させた Y 軸方向の変位は，図 3.1.56 に示すような曲線となっていることが分かる．公式によると片持梁の先端に集中荷重を受ける場合の梁全体のたわみは，固定端からの距離を x として次式に示す 3 次関数となる．この式はオ

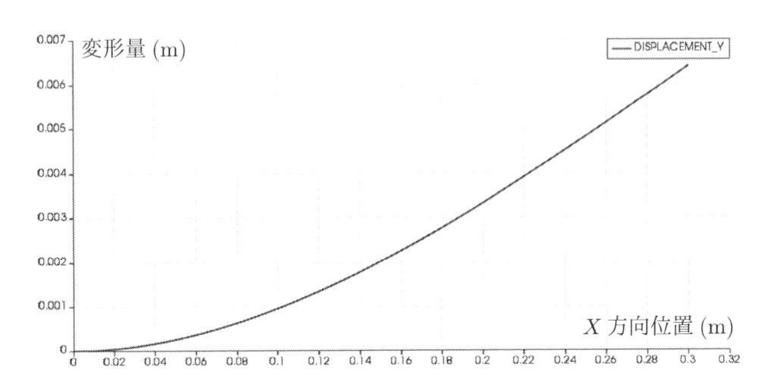

図 3.1.56　片持梁の曲げ状態の変形量の変化

イラー–ベルヌイの梁モデルの解であり，1次元的に十分に長い梁の長さ方向の応力のみを想定しているため，3次元解析とは厳密には一致しない．

$$\delta = \frac{P}{3EI}\left(\frac{1}{2}x^3 - \frac{3L}{2}x^2\right) \tag{3.1.11}$$

次に節点応力度として材軸方向の値を見ると，図3.1.57に示すように，自由端の $X = 0.3\,\mathrm{m}$ での応力度が0で，若干乱れはあるが固定端の $X = 0\,\mathrm{m}$ では約4.2e+8 $\mathrm{N/m^2}$ 程度になる1次関数となることが分かる．これは片持梁の先端に集中荷重が作用したときの，曲げモーメント分布の1次関数に対応する．

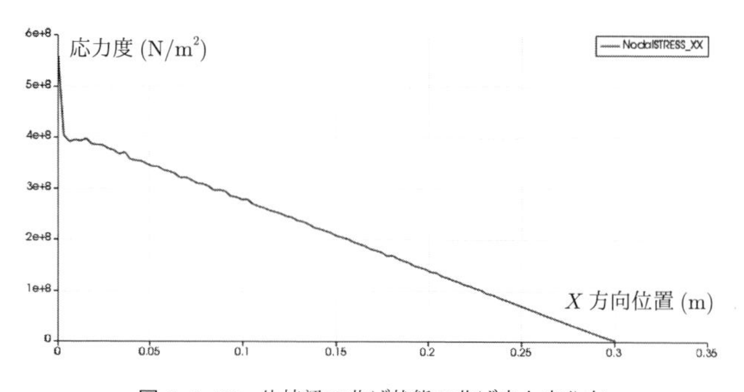

図 **3.1.57** 片持梁の曲げ状態の曲げ応力度分布

有限要素による構造解析の精度を高めるためには，十分な細かさのメッシュによる解析モデルが必要であり，「Text-3-1-3A」の解析では詳細なメッシュの beam-2.unv を用いて解析を行い，結果の精度を向上させることができた．

しかし要素数の増加は計算時間も増加させるため，要素数を変えずに1つの要素を構成する節点を増加させて解析精度を高める方法として「2次要素」の導入がある．そこで例題1-1の基本条件とした有限要素の基準の寸法を5 mmのままで，2次要素を設定した「beam-3.unv」をつくって，新たな解析フォルダ「Text-3-1-3B」で曲げ状態の解析を行ってみる．

例題1-1の手順cにおいて，OSMに従って，メッシュの設定をすべて削除してから2次要素の設定を追加してメッシュを作成すると，[ボリュウム] (要素) は四面体の2次の欄に移って要素数は2506で変わらないが，[ノード] (節点) が4962となり857から約6倍に増えている．境界条件などのグループを移動させたら，メッシュ情報を「beam-3.unv」としてエクスポートする．

先の解析と同様に，強軸 Z 軸周りの曲げ変形をさせるために，Y 軸方向に荷重を作用させてみると，図 3.1.58 に示すように先端の曲げ変形は 6.561 mm となり，公式による値が 6.552 mm であるので誤差は 0.1%となり，非常に精度の良い結果となった．

この 2 次要素の解析時間が 8.49 秒で，詳細なメッシュの場合が 8.80 秒であり例題 1-3 ではほぼ同等である．2 次要素により要素数は増加しないものの節点数は増加し計算手順が複雑になるため計算時間は変わらないが，解析精度が大きく向上するという点で 2 次要素の利用は有効であるといえる．

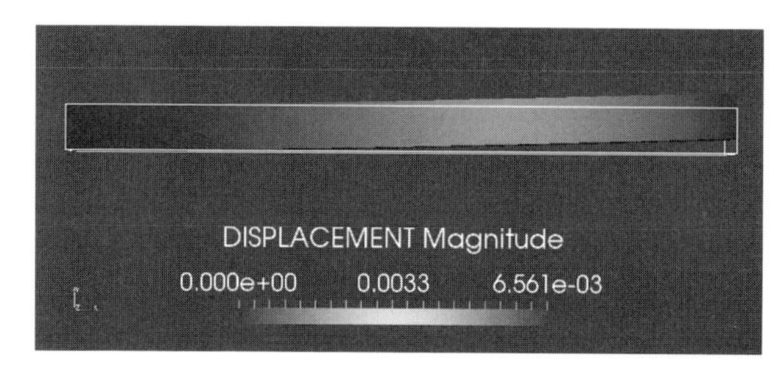

図 3.1.58　2 次要素メッシュの片持梁の曲げ状態

《分析 (2) 曲げ状態にある片持梁の断面に生じる曲げ応力度の分析》

これまでは片持梁の全体を見て，変形状態や応力分布を確認したが，ここでは断面内の応力度について詳細に分析する．まず 2 次要素による解析フォルダ「Text-3-1-3B」の結果より，OSM の手順に従って，固定端の側面において評価する直線上の，節点の X 方向の応力度「NodalSTRESS_XX」の分布をグラフ (図 3.1.59) に示した．

固定端近傍では，サン–ブナンの原理から値のずれが少しあるが，全体として断

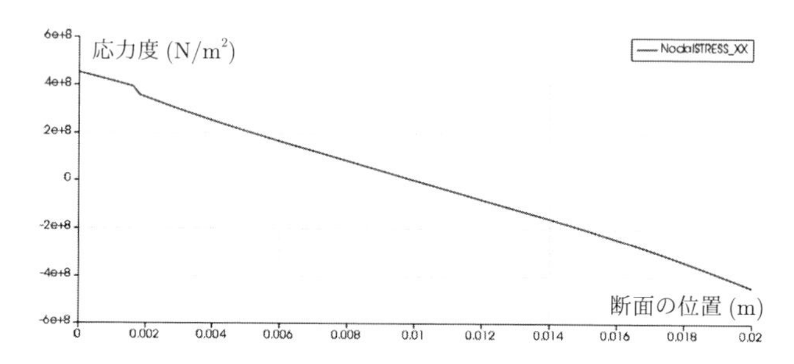

図 3.1.59　固定端の断面の応力度の分布

面の長辺方向の応力度分布は下端 0 の位置における引張 (+) の 4.5e+9 $\mathrm{N/m^2}$ から，上端 0.020 m における圧縮 (−) の −4.5e+9 $\mathrm{N/m^2}$ に向けて直線状になっている．

曲げ応力度の定義式 (3.1.8) より，片持梁の先端の集中荷重による固定端の曲げモーメントは $M = 300\,\mathrm{Nm}$ となり，断面係数 Z は強軸周りの断面 2 次モーメント I_Z であるから，曲げ応力度は $\sigma_\mathrm{b} = 4.5\mathrm{e}{+}8\,\mathrm{N/m^2}$ となり完全に一致している．また断面の中心を通る中立軸にあたる X 軸が 0.01 m の位置で応力度は 0 になっていることが分かる．

さらに断面内部の応力度の分布や中立軸を詳しく調べるために，新しく解析フォルダ「Text-3-1-3C」をつくり，図 3.1.60 に示す T 字形断面の片持梁を作成して，このメッシュファイル「beam-4.unv」を，OSM の手順に従って準備する．メッシュは最大サイズ 5 mm，最小サイズ 1 mm で 2 次要素とすると，節点数 12246 で要素数 6807 となるが，部材軸が Z 軸で断面の強軸が X 軸と変更しているので注意する．

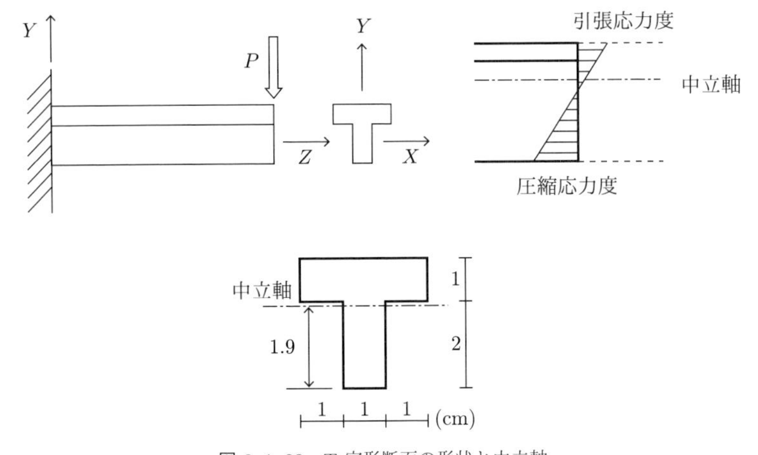

図 3.1.60 T 字形断面の形状と中立軸

この例題は T 字形断面であり強軸 X 軸周りに曲げ変形させるために，Y 軸方向に荷重 1000 N を作用させてみると，図 3.1.61 に示すように自由端の変位は 1.221 mm となり，T 字形断面の上が引張側で下が圧縮側となる．

この状態を材料力学と構造力学の公式から確かめると，断面 1 次モーメントの計算より中立軸は T 字形断面の下から 1.9 cm の位置にあり，中立軸に関する断面 2

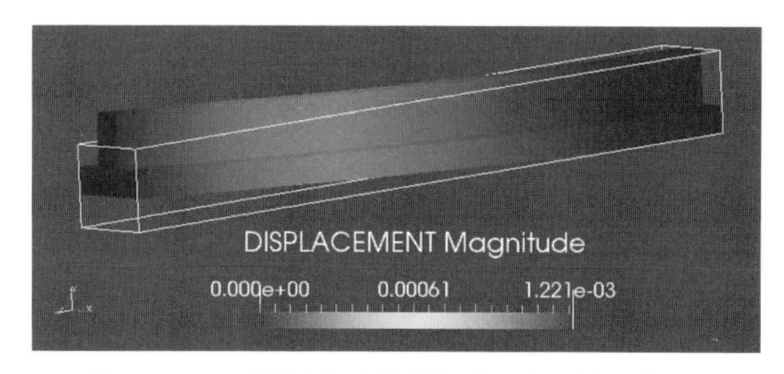

図 **3.1.61** T 字形断面の曲げ変形の状態 (10 倍拡大表示)

次モーメントは $3.6167\,\mathrm{cm}^4$ となる．これより先の自由端のたわみの公式 (3.1.10) から $\delta = 1.208\,\mathrm{mm}$ となり，解析の誤差は 1%程度となり 2 次要素の設定が有効であることが分かる．

さらに引張側と圧縮側の断面係数を求めて曲げ応力度を材料力学の公式から求めると，上が引張側 9.124e+7 $\mathrm{N/m^2}$，下が圧縮側 1.576e+8 $\mathrm{N/m^2}$ という上下非対称に対応した異なる結果となる．

有限要素解析結果より，OSM の手順に従って，片持梁の固定端の側面において T 字形断面の対称軸 (Y 軸) 上での節点の Z 方向の応力度「NodalSTRESS_ZZ」の分布をグラフに示した (図 3.1.62)．

解析結果としては，曲げ応力度は上が引張側 1e+8 $\mathrm{N/m^2}$ で下が圧縮側 −1.8e+8 $\mathrm{N/m^2}$ となり，材料力学の公式による値とほぼ同等の値となっており，曲げ応力度が 0 となる中立軸は X 軸の値が 0.011 m 程度であり公式の値と一致している．

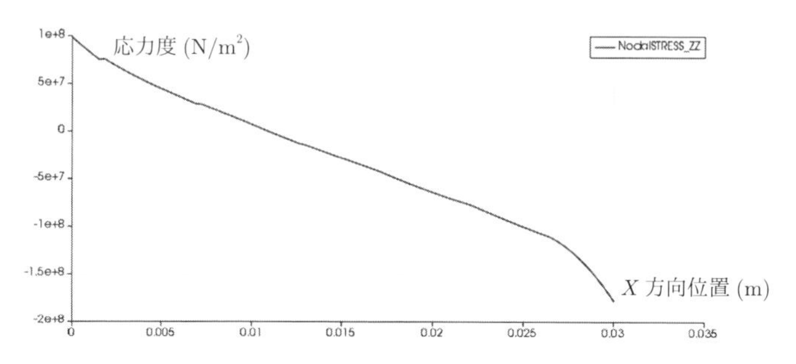

図 **3.1.62** T 字形断面の固定端の応力度の分布

■ 大きな曲げ変形を構造解析で分析する：非線形解析の増分と収束

〈観点 (1) 線形解析と非線形解析での曲げ変形量の分析〉

軸方向に比べて大きな変形となる曲げ変形について，基本となる微小変形に基づいた線形解析に対して，幾何学的非線形性を考慮した非線形解析を用いた場合の影響を調べる．

〈観点 (2) 非線形解析での増分計算や収束計算の選択による影響の分析〉

非線形解析における増分計算や収束計算の設定を変化させた場合に，変形の値に注目して，結果に与える影響や解析時間を比較検討し，適切な設定の目安を調べる．

《分析 (1) 線形解析と非線形解析での曲げ変形量の分析》

詳細なメッシュ「beam-2.unv」による曲げ状態の解析は，解析フォルダ「Text-3-1-3A」ですでに行い，弱軸周りに曲げた場合の微小変形を前提とした幾何学的な線形解析では，先端の変位の移動量が 23.85 mm となり誤差が 9%程度である．自由端側面の中央において，変位量を方向別に詳しく見ると以下のとおりであり，荷重の作用した Z 方向の変位に比べて，軸の X 方向の変位は 0.03%でしかなく，解析誤差に隠れるぐらいにわずかである．

移動量：23.838，X 方向：$-8.88\mathrm{e}{-3}$，Y 方向：$1.80\mathrm{e}{-3}$，Z 方向：23.838

(単位：mm)

一般的に幾何学的非線形性を考慮する目安としては，変位量が構造物の最大寸法の 5%程度といわれており，例題 1-3 では部材長さが 300 mm であり目安は 15 mm なので，上記の変位量は大変形として非線形解析が必要な状態とみなすことができる．

そこで，線形解析を非線形解析に変更して行ってみる．[設定項目] の [解析の種類] を [非線形静解析] として，[ステップ解析] の条件名 [STEP] を選び [選択>>] で右に移して設定する．[設定項目] の [STEP] において，収束条件の [SUBSTEPS] を 10 として，2 つの境界条件を設定する右側に移して [設定] して，幾何学的非線形を考慮して解析を実行する．

この場合には，増分計算を 10 回繰り返し，その中で収束計算を行っているため，線形解析の計算時間が 9 秒程度なのに対して非線形解析では 220 秒と，24 倍程度の計算時間が必要になっている．

ここで先の線形解析と同じ節点の移動量を詳しく見ると以下のとおりであり，荷重が作用した Z 軸方向は変化が 0.6%と小さいが，大変形の特徴として説明した部

材軸 X 軸方向の変位が 128 倍に大きくなっている．全体の移動量の差は 0.5%程度で小さいが，X 軸方向の変位に注目する場合には非線形解析の効果が明確に理解できる．

移動量：23.712，X 方向：−1.135，Y 方向：2.28e−3，Z 方向：23.685

(単位：mm)

この変形状態の違いを詳しく分析するために，さらに大変形となる条件として荷重を 10 倍の 10000 N とした場合の解析を行う．なお現実の鋼材を考えた場合に強度は 450 MPa (4.5e+8 N/m^2) であり，例題 1-3 の曲げ状態としては，強軸周りの曲げでちょうど強度の限界となっており，弱軸周りの曲げでは強度を超えた応力度となる．よって荷重 10000 N の場合には，現実には弾塑性状態を大きく超えて部材が破断するような状態となる．本来は弾塑性状態を考慮する必要があるが，ここでは構造解析の演習として解析条件を限定して考えることにする．

この非線形解析の場合には，増分計算は同じ 10 回であるが，大変形に対応するための収束計算の回数が大きく増加して，解析時間は 381 秒と 2 倍近くになっている．

大変形を考慮しない線形解析の変位量は以下のとおりであり，単に荷重の 10 倍に対応して変位量も 10 倍となっている．

移動量：238.38，X 方向：−8.88e−2，Y 方向：1.80e−2，Z 方向：238.38

(単位：mm)

大変形による幾何学的非線形性を考慮した非線形解析の変位量は以下のとおりであり，Z 方向にたわむ変位が約 7 倍に対して，X 方向の材軸の変位は 53 倍と著しく大きくなっている．

移動量：173.43，X 方向：−59.82，Y 方向：3.27e−2，Z 方向：162.784

(単位：mm)

これだけの大変形の場合には，図 3.1.63 に示すように変形図にも大きな違いが見られ，(a) の線形解析では軸方向の変位がなく材軸に直交する方向に端部が移動しており，結果的に部材が伸びた不自然な状態で変形しているが，(b) の非線形解析では部材長さはそのままで自然に曲げ変形が得られている．

《分析 (2) 非線形解析での増分計算や収束計算の選択の影響》

先の大変形を考慮した非線形解析では，増分回数 ([SUBSTEPS]) を 10 回とし，収束判定 ([CONVERG]) の誤差の制限値を 1e−6 として計算を行い，最大変位が 173.4 mm となる 381 秒の解析となった．この解析を基準として，増分回数と収

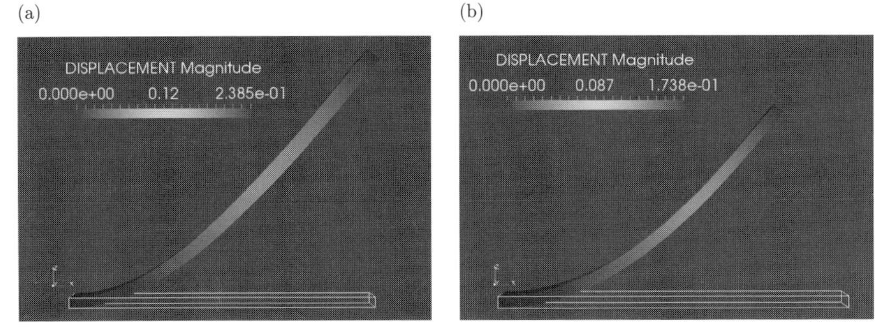

図 **3.1.63**　大変形する片持梁の線形解析 (a) と非線形解析 (b) の相違

束判定を変化させた場合の，非線形解析の影響について分析する．

まず増分回数を半分の 5 回と 2 倍の 20 回に変えて収束判定を 1e−6 とした場合の，解析時間と解析結果を以下に示す．解析時間は，増分回数を半分にすると大きな増分を収束させるために計算に時間がかかるものの増分回数が少ないので，全体として 58%に短縮され，逆に 2 倍にすると小さな増分のため収束の時間が少なくなるが増分回数が多くなっているため，結果的には 157%に増長される．ただし最大変形量の違いはなく，曲げ変形のような単純な幾何学的非線形解析の場合には，それほど多くの増分回数は必要ないことが分かる．

増分回数　5 回：解析時間 222 秒，最大変形量 173.8 mm

増分回数 20 回：解析時間 600 秒，最大変形量 173.8 mm

次に収束判定を 100 倍の 1e−4 と 100 分の 1 の 1e−8 に変えて増分回数を 10 回とした場合の，解析時間と解析結果を以下に示す．収束判定の制限値を変化させて，収束の厳密さの程度を変えると対応して解析時間も変化するが，その幅は 80%から 108%となり大きな変化ではなく，また曲げ変形のような単純な幾何学的非線形解析の場合には，解析結果の最大変形量についても影響がないことが確認できた．

収束判定 1e−4：解析時間 307 秒，最大変形量 173.9 mm

収束判定 1e−8：解析時間 410 秒，最大変形量 173.8 mm

3.1.7　例題 1-4：片持梁のねじり状態の解析

a.　解析例題の理論的な説明と比較結果

ここでは片持梁の自由端に，部材の軸周りのねじりモーメントを作用させてねじった場合の解析を説明する．解析の基本的な条件などは例題 1-1 と同様であるが，ねじりモーメントを与えるための偶力を作用させるグループの設定や荷重の作用について特別な部分を説明する．

図 3.1.64 に示すように，棒材に作用するねじりモーメント M_T に対して，部材の単位長さあたりのねじれた角度をねじれ率 θ とすると，せん断弾性係数 G とねじり定数 J の積であるサン–ブナンのねじり剛性 GJ を用いて，以下の関係式がある．

$$M_\mathrm{T} = G \cdot J \cdot \theta \tag{3.1.12}$$

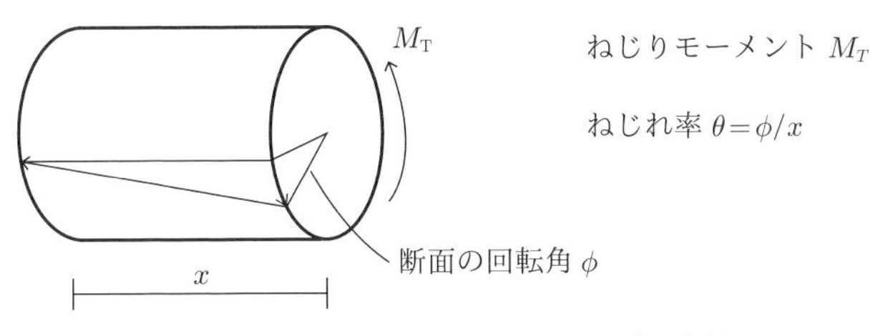

図 **3.1.64** ねじりモーメントとねじれ率の関係

ここで例題 1-1 のような鋼のせん断弾性係数は $G = 83\,\mathrm{GPa}$ であるから，図 3.1.65 に示すような矩形断面 ($a = 2\,\mathrm{cm}$, $b = 1\,\mathrm{cm}$) のねじり定数は，$k_2 = 0.2287$ より

$$J = k_2 \cdot a \cdot b^3 = 0.4574\mathrm{e}{-8}\,\mathrm{m}^4 \tag{3.1.13}$$

となる．

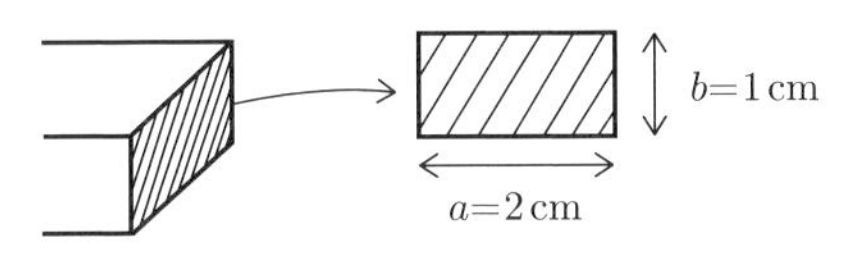

図 **3.1.65** 矩形断面のねじり定数 J

ソリッド要素を用いた有限要素解析の場合には，荷重としては節点に作用する荷重が基本であり，直接ねじりモーメントを荷重として与えることはできない．そのため例題 1-4 では，自由端の側面の辺上に偶力を与えることでねじりモーメントを作用させる．

例題 1-4 では，矩形断面の短辺に 1000 N の偶力を作用させるため，図 3.1.66

に示すように，偶力の距離が 0.02 m よりねじりモーメント $M_{\mathrm{T}} = 20\,\mathrm{Nm}$ となり，これに対するねじれ率 θ は 5.268e−2 m^{-1} となる．

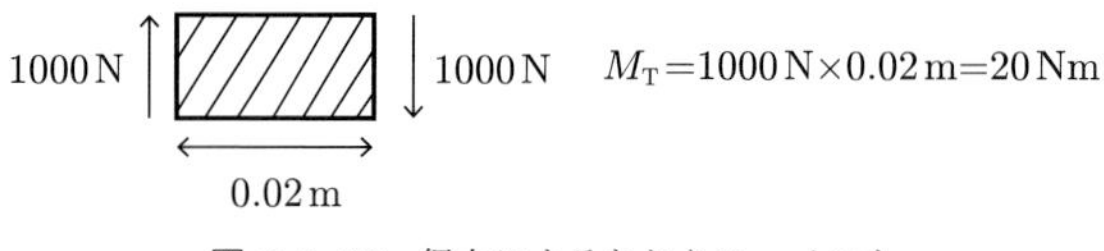

図 3.1.66　偶力によるねじりモーメント

図 3.1.67 に示すように，部材長さ L が 0.3 m なのでねじれ率 θ からねじれ角 ϕ を求めると 1.5804e−2 rad となる．矩形断面の図心から頂点までの長さが 1.12 cm となるので，節点移動量は 0.177 mm となる．

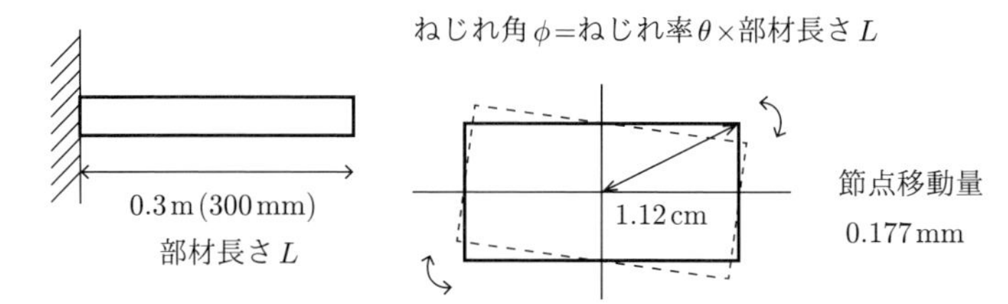

図 3.1.67　ねじれ率 θ からの断面のねじれ変形

次にねじりによるせん断応力度を調べると，矩形断面の場合には図 3.1.68 に示すような分布が求められている．

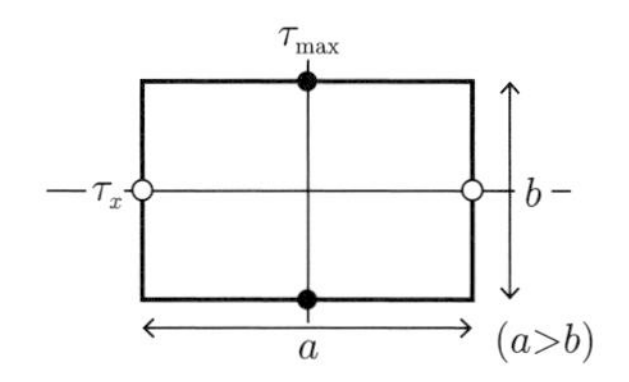

図 3.1.68　矩形断面のねじりによるせん断応力度

矩形断面 (2 cm × 1 cm) の場合には，ねじりせん断応力度は長辺の中央で最大 ($\tau_{\max}$) となる．$\tau_{\max}$ と短辺の中央のねじりせん断応力度 τ_x は式 (3.1.14) のように求められる．

$$\begin{aligned}
&\tau_{\max} = \frac{1}{k_1 \cdot a \cdot b^2} M_{\mathrm{T}}, \quad k_1 = 0.2459 \ \ \text{より} \ \ \tau_{\max} = 4.067\mathrm{e}{+}7\,\mathrm{N/m^2} \\
&\tau_x = k_3 \cdot \tau_{\max}, \qquad\qquad k_3 = 0.7949 \ \ \text{より} \ \ \tau_x = 3.233\mathrm{e}{+}7\,\mathrm{N/m^2}
\end{aligned} \tag{3.1.14}$$

以上のねじり状態にある片持梁を対象とする例題 1-4 では，構造解析としての確認項目と構造力学の学習項目として，以下の注目点がある．

■ 偶力によるねじりモーメントの影響を調べる：ねじり変形の状態

この例題では片持梁に対して，偶力によるねじりモーメントを作用させたときのねじり変形に注目して，各方向の変位量を調べる．この値と公式による変形量との比較検討を行う．

■ ねじりモーメントによるせん断応力度を調べる：ねじり応力度の状態

自由端に偶力によって与えられたねじりモーメントが，サン–ブナンの原理によってどの範囲から成立するのかを応力度分布から分析して，生じるせん断応力度の状態を確認する．

b. 解析例題の荷重条件の設定と結果の比較検討

まず例題 1-4 用の解析フォルダ「Text-3-1-4」を，デスクトップの解析作業用フォルダ「Work」の中につくり，例題 1-2 の詳細モデルの解析を行った解析フォルダ「Text-3-1-2A」に保存した SALOME の保存データ Study1.hdf をコピーしておく．

ねじりモーメントを偶力で作用させるため，図 3.1.66 に示したように，自由端の矩形断面の 2 つの短辺を線分グループとしてそれぞれ m_{t1}, m_{t2} とおき，側面の表面グループ [load] は削除して，有限要素の最大サイズを 2 mm とした詳細なメッシュを作成して「beam-5.unv」として保存する．

デスクトップ上の「easyistr」アイコンをダブルクリックしてツールを起動して，例題 1-4 の解析条件を設定するが，固定条件も片持梁として材料も同様な設定とするので，基本的な手順は例題 1-1 と同じになる．そこで 3.1.1 項の手順 d～f を参照して固定条件までを設定しておく．

荷重条件は偶力でねじりモーメントを作用させるため，線分グループの m_{t1}: $+1000\,\mathrm{N}$，m_{t2}: $-1000\,\mathrm{N}$ を Z 軸方向に設定する．

■ 偶力によるねじりモーメントの影響を調べる：ねじり変形の状態

〈観点 (1) ねじりモーメントによるねじり変形の状態〉

本来のねじりモーメントとは異なる偶力によるモーメントが部材をねじる状態を，変形状態に注目して分析し，先に示したねじり理論によって求められた断面頂点での移動量を分析する．

《分析 (1) ねじりモーメントによるねじり変形の状態》

本例題で偶力を与えるグループを設定し作成した片持梁の解析モデル

「beam-5.unv」を用いて解析を行った結果を分析する.

まず自由端での変形状態を図 3.1.69 に示す. 偶力を与えているが断面がせん断変形にはならず, 矩形を保持した状態でねじり回転していることが分かる. ねじりの中心となる部材中央の変形はほとんど 0 だが, 矩形の 4 つの頂点が最も大きく変形し, 移動量は 1.639e−4 m となる. 先の公式による移動量が 1.767e−4 m であるので, 誤差は 8%程度となっている. この解析は移動量から見ても微小変形であるので幾何学的には線形解析として行っており, 部材軸 X 軸方向への変形は頂点の移動量の 200 分の 1 程度でわずかな値となっている.

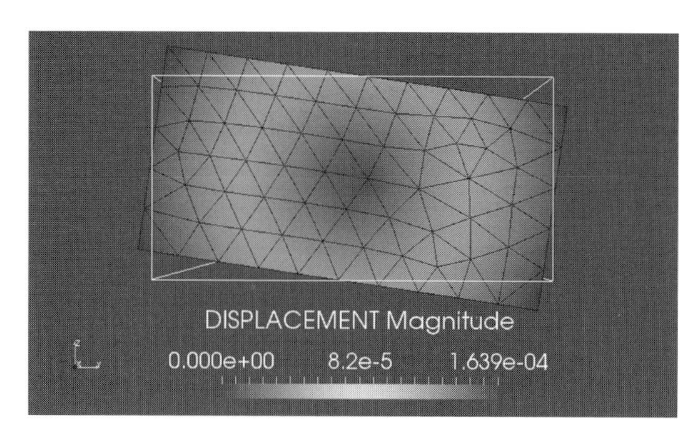

図 **3.1.69**　矩形断面のねじりによる変形状態 (拡大 10 倍)

■ ねじりモーメントによるせん断応力度を調べる：ねじり応力度の状態

〈観点 (1) ねじりモーメントによるせん断応力度の状態〉

片持梁の自由端に作用した偶力によるモーメントは, サン–ブナンの原理によって局所的にねじりモーメントと異なる応力度分布を生じるので, 影響の範囲を調べてねじりせん断応力度の分布を分析する.

《分析 (1) ねじりモーメントによるせん断応力度の状態》

ねじりモーメントによるせん断応力度の状態を調べるために, 偶力のモーメントを受けた片持梁における節点応力の大きさ「NodalSTRESS Magnitude」を図 3.1.70 に示す. 偶力の作用によって, 荷重が作用した自由端の側面の短辺には, 極端な応力集中として, 9.518e+7 $\mathrm{N/m^2}$ が発生していることが分かる. これはサン–ブナンの原理から想定される境界条件の乱れである.

そこで部材の短辺の長さより 1 cm だけ内側の断面について, 同じねじりせん断応力度を図 3.1.71 に示す.

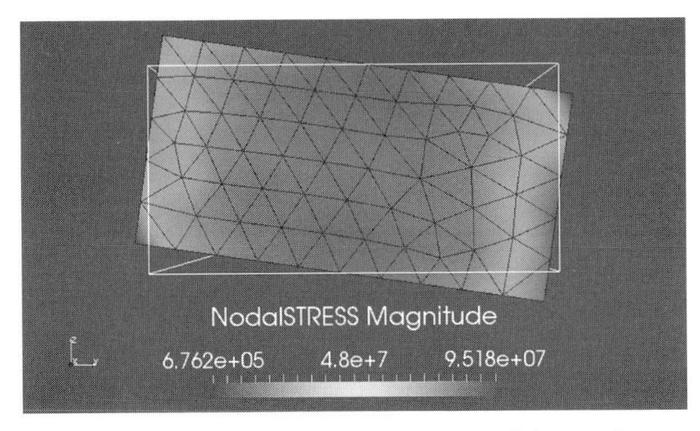

図 3.1.70　ねじりによるせん断応力度の部材軸方向の分布

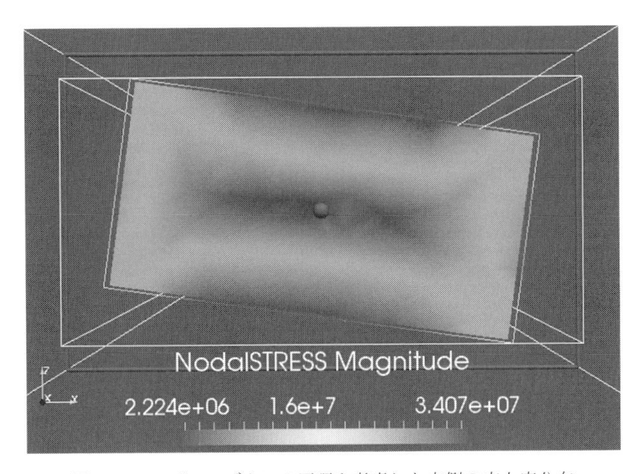

図 3.1.71　サン–ブナンの原理を考慮した内側の応力度分布

矩形断面の場合に理論的に得られた応力度分布を図 3.1.68 に示したが，長辺中央の最大のねじりせん断応力度は 4.067e+7 N/m^2 となり，短辺の中央のねじりせん断応力度の値は 3.233e+7 N/m^2 であった．

これに対して，図 3.1.71 に示した解析では，長辺中央の応力度が大きくなり値は 3.407e+7 N/m^2 程度で約 16%小さく，次に短辺中央が大きく 2.278e+7 N/m^2 程度となる分布であり，値としては少しずれがあるが，ねじり理論との対応が見られる．

ここまでの例題 1-1～1-4 で，梁のソリッドモデルに対する引張・圧縮・曲げ・ねじりの解析を行った．なお，ねじりせん断応力度などの比較対象となる理論解を得るためには，参考文献 [15] が有用である．

3.1.8　例題 1-5：片持梁のシェル要素の解析

a.　解析例題の理論的な説明と比較結果

ここでは，平面や曲面などの面的な構造形式に対応したシェル要素を用いて分析を行う．なおシェル要素は，曲面の力学であるシェル理論から導かれているものであるが，ここでは高度な力学理論の説明は割愛して，有限要素法での構造解析におけるシェル要素の必要性と有効性を検証することを目的とする．

例題 1-1 から 1-4 までは，ソリッド要素による片持梁に対して，様々な荷重条件を設定した場合の構造力学の理論と構造解析の結果を比較検討することで，これらの理解を深めることを目指した．例題 1-5 ではシェル要素により解析を行い，これまで扱ったソリッド要素の結果との比較検討を行うとともに，シェル要素による構造解析において特に注意すべき点を検討する．

薄い板状構造物を有限要素解析する場合には，これまでの例題では板の曲げ状態を表現するために，少なくとも圧縮側と引張側の 2 層以上の要素が必要だと説明した．そのため非常に薄く広い面積の板状構造物をソリッド要素によりメッシュ分割すると，正四面体や正六面体を想定して薄い厚さ方向を分割した基準寸法によりメッシュが作成されるため，要素数が著しく増加して効率的な解析が困難になる．

しかし本来は，構造形態として薄い板構造に対しては，ソリッド要素ではなく薄い形状に特化したシェル要素を用いることが，計算効率から考えても合理的である．これはシェル要素の場合には要素の状態を表す点の数を厚さ方向に 5 点など多数設定できることにより，1 枚のシェル要素であっても曲げ変形の状態を正確に表現できるためである．

もちろん本解析システムでは，ソリッド要素とシェル要素が混在した解析モデルが利用可能であり，解析対象の構造形態に対応してソリッド要素とシェル要素を使い分けて，合理的な解析モデルを実現することができる．ただし現状では，シェル要素の解析機能は基本的な条件に限定されており，特にソリッド要素と混在できる特殊なシェル要素においては，線形静解析に限定されている．ただし，例題 1-1～1-4 と比較検討する目的には対応可能である．ここでは以下の 2 つの観点から，シェル要素を用いた構造解析の結果について分析する．

■ ソリッド要素とシェル要素の比較と混在：2 つの相違と連携

同じ片持梁を，図 3.1.72 に示すようにソリッド要素とシェル要素でそれぞれモデル化した場合の解析精度や計算時間などについて，これまでに扱った例題を比較対象として，その効果や特徴を分析する．さらに実践的な構造解析において，ソリッド要素とシェル要素を混在させるための設定条件を明確にして，この 2 つを連携させることで効率的な解析を実現する可能性を検証する．

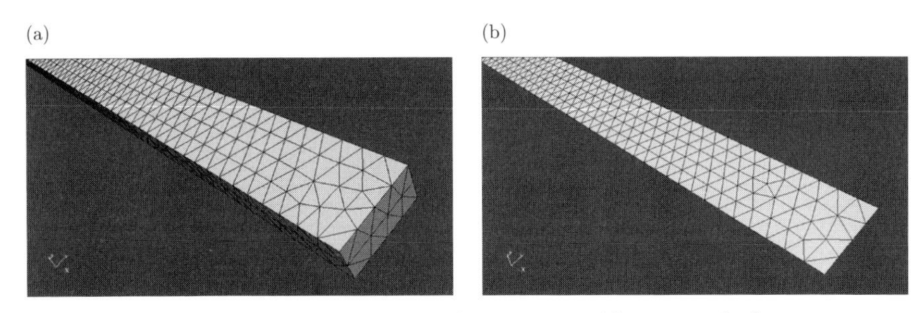

図 3.1.72 片持梁のソリッド要素 (a) とシェル要素 (b) のモデル化

■ シェル要素による構造解析の注意点：荷重と固定の設定方法

ソリッド要素による構造解析では，要素を構成する節点には XYZ 軸の変位の自由度のみが定義されるのに対して，シェル要素を構成する節点には加えて XYZ 軸周りの回転の自由度も追加される．これは解析対象の形状に対応した棒材や板材などの特別な構造要素で必要となる自由度である．

このシェル要素の自由度に対して固定条件を設定することにより，ピン支持やローラー支持などの構造力学で扱う固定条件を直接的に指定することができるため，片持梁だけでなく両端にピン支持とローラー支持をもつ単純梁の解析も可能である．ここではシェル要素でつくられた片持梁の固定端において，図 3.1.73 に示すような回転の固定設定を外した場合に，面外と面内の曲げ状態において影響

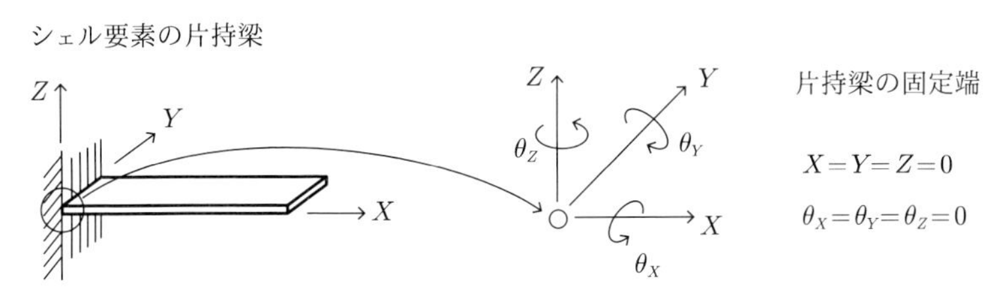

図 3.1.73 シェル要素の固定条件の設定方法

の受け方がどのように異なるかを確認する．

b.　片持梁の形状作成，境界条件のグループ作成

ここでは，図 3.1.74 に示すような片持梁を想定して，この中立面をシェル要素でモデル化して構造解析を行う．この要素は平面形状の場合には三角形か四角形であるが，三角形ならば複雑な任意形状に対しても容易に自動分割することが可能である．本書の例題演習においても SALOME のメッシュ作成ツール「Netgen」を用いて自動的にメッシュを作成する．

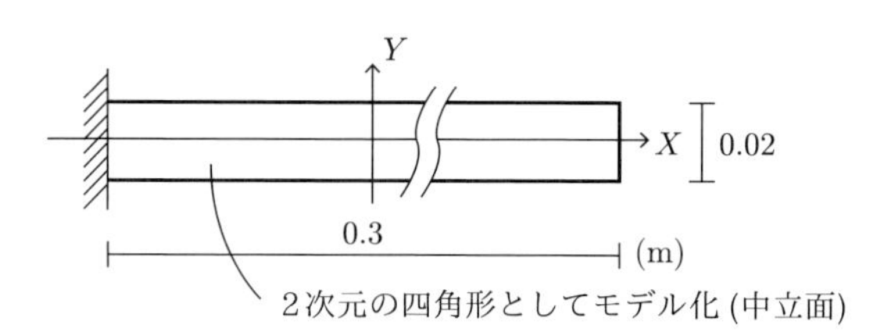

図 3.1.74　シェル要素による片持梁のモデル化

この場合にはシェル要素は面状構造物の中立面に置かれる設定とするため，単純な平板の場合には容易に中立面が定められるが，複雑な曲面の場合や厚さが連続的に変化する場合には解析モデルの設定が難しくなるため，ソリッド要素を用いる方法を検討すべきである．シェル要素では設定する範囲において板厚は一定となるため，厚さが異なる板材の場合にはグループを区別して指定し，それぞれの板厚を設定する．形状作成とグループ作成は以下の手順で行う．

① まず本例題で用いる解析フォルダ「Text-3-1-5」を，デスクトップの解析作業用フォルダ「Work」の中につくる．

② デスクトップ上の「Salome」アイコンをダブルクリックしてツールを起動して，形状作成モジュール [Geometry] を選択し，[新規作成] をクリックする．

③ メニューの [新しいエンティティ]⇒[基本図形]⇒[四角形] を選択する．これまでの設定では mm 単位であるが，シェル要素の場合にはソリッド要素と混在させるための条件として，はじめから解析システムの基本単位である m 単位として設定する．

④ 中立面の四角形は図 3.1.74 の寸法より [高さ] を 0.3，[幅] を 0.02 として，方向は [OXY] を選択して，[適用して閉じる] をクリックする．図 3.1.75 に示すように，ここで作成した中立面の名前は「Face_1」となり，設定した数値の都合で画面上に図形が見えないときは，虫眼鏡ボタン (全域表示) を

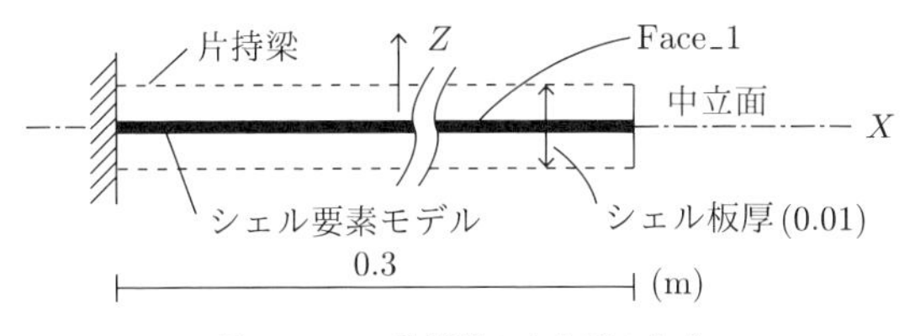

図 3.1.75 片持梁の中立面の作成

押す.

⑤ シェル要素による片持梁は，図 3.1.74 で示すように X 座標のマイナス側の端部に固定条件を設定し，プラス側の端部に荷重条件を設定する．以下の手順に沿って設定を行う.

(1) シェル要素の片持梁の解析モデル [Face_1] を右クリックで選択し，[グループを作成] を選択する．ここでグループとは指定する幾何学的な対象に対して名前を付けることである.

(2) 図 3.1.30 ですでに示したパネルを用いて，図 3.1.76 に示す対象を設定する．指定する幾何学的な対象を [オブジェクトの種類] で選択し，これは左から [頂点]，[線分]，[表面]，[物体] となる.

(3) まず固定条件として [fix] を設定するために，シェル要素の場合は種類は [線分] を選択し名前を「fix」に変更する.

(4) 設定する対象の線分が見えるようにモデルを操作して，指定線にマウスカーソルを置くと線が水色に変わるので，クリックすれば白色となり選択される.

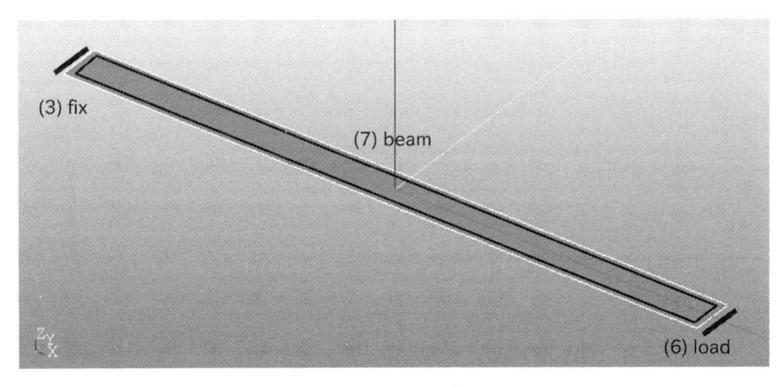

図 3.1.76 グループを作成

(5) パネルの [追加] をクリックすると「3」が表示されるので，[適用] をクリックして登録する．

(6) オブジェクトブラウザーの [Face_1] の左にある [+] ボタンを押すと，登録した固定条件「fix」が確認でき，左端の目のボタンでは表示の有無を選択できる．同様に荷重条件として [load] を「8」として適用する．

(7) 次に解析モデル全体の面について設定を行うため，種類を [表面] として選択して，面全体を指定して [1] として追加したら [beam] として適用する．[閉じる] でツールを終了する．

⑥ 作業の状態を保存するために，メニューの [ファイル]⇒[保存] を選択し，解析フォルダ「Text-3-1-5」(C:¥DEXCS¥Work¥Test-3-1-5) を指定して，ファイル名「Study1」として [保存] する．なお SALOME では拡張子 hdf がデータ形式となるため，「Study1.hdf」を読み込むことで作業を再開できる．

c. 解析例題のメッシュ作成，入力データの設定と読込と変換

現状の本解析システムのソルバは，シェル要素として四角形要素も利用できるが，ここでのシェル要素は，自動メッシュ作成ツールの Netgen を活用するために三角形要素とする．さらにこの中で 1 次要素と 2 次要素とソリッド混在用要素の 3 種類があるが，ここでは最も基本となる三角形 1 次シェル要素を用いて片持梁の中立面をメッシュ分割する．

シェル要素の大きさの設定では，厚さ方向は積分点を含む層数で規定するので，面の広さ方向の分割のみを設定することになるが，ソリッド要素に比べて厚さ方向に多数の節点を用いて特性を分析するために，大きな有限要素でも十分な解析精度が期待される．ここではソリッド要素の基準長さと同様の設定によって，比較検討を行う．

① まずツール SALOME のモジュールを [Geometry]⇒[Mesh] に変更する．オブジェクトブラウザーの解析モデル [Face_1] を選択して，メニューの [メッシュ]⇒[メッシュを作成します.] (一番上) を選択する．

② 図 3.1.77 の左に示すように，メッシュの名前は「Mesh_1」として，[メッシュタイプ] に [三角形]，[アルゴリズム] に [Netgen 1D-2D] を選択したら，[詳細設定] の右端にあるボタンを押して [NETGEN 2D Parameters] を選択する．

③ 解析モデルの片持梁は，寸法が $0.300 \times 0.020 \times 0.010$ m であり最小寸法の

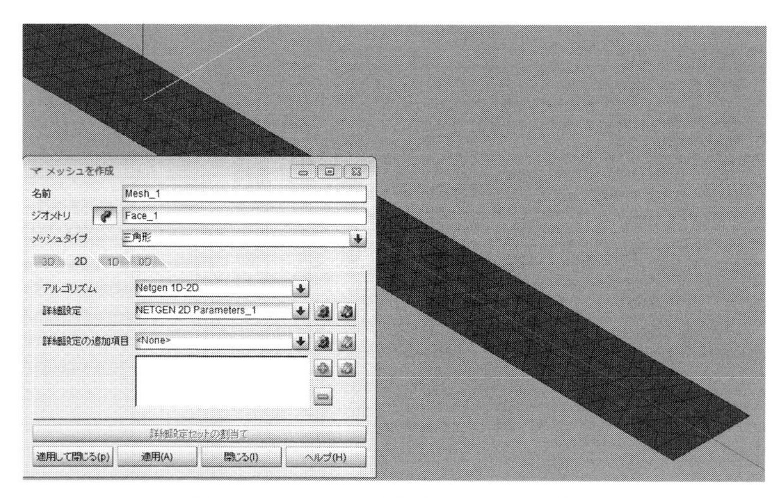

図 **3.1.77** [メッシュを作成] とメッシュの結果

0.010 m の 2 分の 1 を最大サイズ「0.005」と設定し，最小サイズは最大寸法の 5 分の 1 の「0.001」とする．これで [OK]⇒[適用して閉じる] でメッシュ設定を完了する．

④ オブジェクトブラウザー上に [Mesh_1] ができるので，これを右クリックして [メッシュを作成] を選択する．「メッシュの計算が成功しました。」が表示され，[ノード] (節点数) が 349，[Faces・三角形] (要素数) が 568，となる．メッシュの状態を図 3.1.77 右に示す．表示を確認したら閉じて，虫眼鏡ボタンで全域表示する．

⑤ 次に解析モデルに設定した境界条件グループ (固定 : fix と荷重 : load) と解析モデルグループ (全体 : beam) を，メッシュデータに設定するために，[Mesh_1] を右クリックして [ジオメトリのグループを作成] を選択する．

⑥ 節点の集合である要素で構成されるグループ「beam」は [要素] の欄に設定するため，オブジェクトブラウザーの [beam] を選択し [要素] の欄の矢印を押し，次に内部的に節点で構成されるグループ「fix」・「load」は [ノード] の欄に設定するため，[ノード] の欄の矢印を押してから，オブジェクトブラウザーの [fix]・[load] に対し Ctrl キーを押しながら複数選択する．

⑦ 設定できたら [選択して閉じる] で確定する．オブジェクトブラウザー上の [Mesh_1] の下に 2 つのグループが設定されている．

⑧ 以上でメッシュ情報が完成したので，オブジェクトブラウザーのメッシュ

情報 [Mesh_1] を選択して，メニューの [ファイル]⇒[エクスポート]⇒[UNV ファイル] を選択する．[メッシュのエクスポート] パネルで保存先が解析フォルダ「Text-3-1-5」になっていることを確認して，ファイル名は「beam-6.unv」として [保存] する．以上でプリ処理が終わったので，現状を [ファイル]⇒[保存] してから，[ファイル]⇒[終了] で確認には [OK] を押して，作業を終える．

d.　解析例題の材料特性の設定，固定条件と荷重条件の設定

デスクトップ上の「easyistr」アイコンをダブルクリックして EasyISTR を起動する．

① まず項目 [FrontISTR analysis] の [作業用 folder] の [参照] より，例題 1-5 の解析フォルダ「Test-3-1-5」を選択する．

② 次に [設定項目] の [FistrModel.msh] を選択し，UNV 形式で作成された解析モデルのファイル「beam-6.unv」を [ファイル変換] 内の [参照] から [ファイル名] の欄に設定して，[ファイル変換] をクリックすると，メッシュ変換の結果が確認できる．[メッシュ内容] を見ると「modelSize(xyz): 0.3 0.02 0.0」とあり，ここでのシェル要素の解析モデルの場合には m 単位の数値が読み込まれたことが分かる．ここで [形状確認] より ParaView が起動して，[Apply] ボタンを押すことで解析モデルの形状を確認できる．なおシェル要素による解析モデルは平面形状のため，ParaView の表示が 2 次元となるので，立体的に見る場合には，図形表示上に並ぶ機能選択ボタンを [2D]⇒[3D] と変更する (図 3.1.82 参照)．図 3.1.78 に示すように 3 次元表示すると，この図

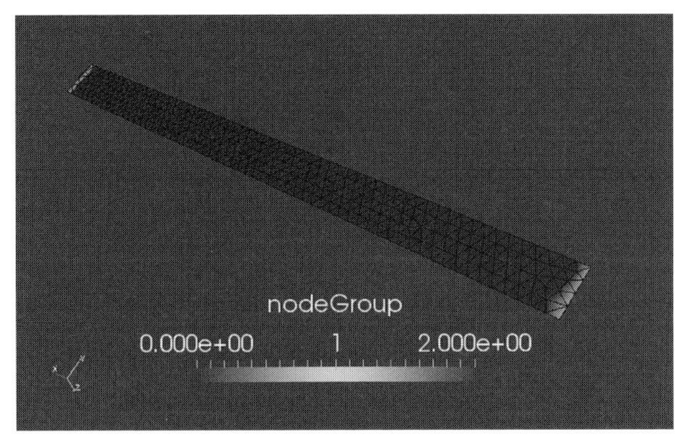

図 **3.1.78**　ParaView による解析モデルの情報確認

では，手前が固定端 [fix] で奥が荷重端 [load] となる．

③ 次に [設定項目] の [解析の種類] を選択して設定する．シェル要素による構造解析では，現状の本解析システムにおいては，三角形や四角形の 1 次要素であれば線形静解析，固有値解析，熱伝導解析，線形動解析などに対応しているが，周波数応答や材料非線形には対応していない．またソリッド要素との混在した解析モデルの場合には，線形弾性静解析のみに対応している．そこで本例題では，最も基本となり公式などから求められる理論解との比較が可能である [線形弾性静解析] を選択する．

e. 解析例題の数値解析の条件設定と実行

次に [設定項目] の [材料物性値] を選択して設定する．シェル要素の演習では解析種類の「線形弾性静解析」に対応して，解析モデルの片持梁は，材料を鋼 (Steel) として荷重が比較的小さい弾性範囲での挙動を対象とする．

① まず，[材料を設定] の [elGroup 名] より，シェル要素の片持梁において，中立面で定義された解析モデル全体を表すグループ [beam] を選択して [選択>>] ボタンで [物性値を定義する group] に移してから [設定] する (なお解析しようとするモデルに elGroup が 1 つしかない場合には自動的に移る場合もある)．

② 図 3.1.79 に示すように，[設定項目] ツリーの [材料物性値] をクリックしメニューに現れる [beam] を選択する．このタブで beam グループの材料物性値として [材料名 :Steel] が設定できる．2 段目の材料モデルが [ELASTIC] であることを確認する．ここでソリッド要素では設定対象外であった [板厚の設定 (shell)] を設定する．ここでの設定では例題 1-1 の片

図 3.1.79 材料物性値の設定

持梁と同じ解析形状を表現するために，[板厚] としては「0.01」(10 mm) を設定し，[厚さ方向積分点数] を「5」として，他の項目は設定不要なので下段の [設定] を押す．

③ 続いて [設定項目] の [境界条件] より固定条件と荷重条件を設定するため，項目の左の [+] ボタンを押すと各種の条件が表示される．

④ まずは [BOUNDARY (変位)] を選択して固定条件を設定する．[nodeGroup 名] の欄に固定条件を指定する [fix] グループがあるので，これを選択して [選択>>] ボタンで [設定する Group] の欄に移して [設定] する．

⑤ [設定項目] の [BOUNDARY (変位)] のサブ項目として [fix] が追加されるので選択すると，図 3.1.80 上のようなタブが表示される．ソリッド要素の場合は [変位] のみが設定できたが，シェル要素のみ [回転] も設定できる．これはシェル要素が平面的な要素であり，要素の辺上の節点は移動の自由度だけでなく回転の自由度ももつためである．この例題 1-5 の解析では，片持梁の固定端を表現するため変位と回転の両方をすべて「0.0」として固定状態を [設定] する．これは，固定面「fix」に含まれるすべての節点の変位と回転が 0.0 となり，移動も回転もない固定状態であることを意味する．

⑥ 次に [CLOAD (荷重)] を選択して，同じ手順で [load] グループに指定面への荷重条件を設定する．ここでは，節点の分布状態により負担面積を考慮した入力値を節点に適切に分配して指定面への等分布荷重を実現できる設定として，[等分布トータル荷重] を選択する．

⑦ 荷重条件としては，例題 1-3 と同じように片持梁が断面の弱軸周りの曲げ，つまり中立面のシェル要素の解析モデルに対して，面外方向の曲げ状態となるように，図 3.1.80 下に示すように荷重指定辺の Z 軸正方向に「1000」(約 102 kg) を [設定] する．

例題 1-5 で扱うシェル要素による弾性応力解析では，計算手法としてのソルバ選択に対して制限がある．薄板構造の剛性マトリクスの特性から，行列の成分に大きな偏りがあり，反復法では計算が難しくなるため手順⑧に示すように直接法を設定する必要がある．

⑧ [設定項目] の [solver] より計算手法のソルバを設定するため，項目の左の [+] ボタンを押して [線形 solver] を選択する．デフォルトでは [METHOD] は反復法の [CG] が選択されている．シェル要素による解析モデルでは，直接法として [DIRECT] か [MUMPS] を選択することが可能であるが，ここでは

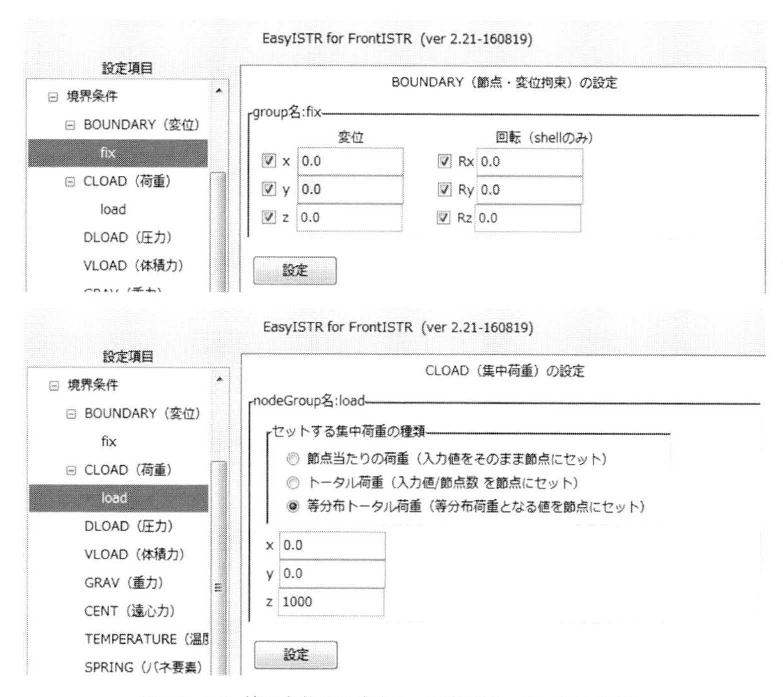

図 3.1.80　境界条件の設定 (上：固定条件，下：荷重条件)

計算効率の良い [MUMPS] を選択して，続く条件はそのままにして [設定] する．

⑨ 次に [設定項目] の [出力] を選択して，出力項目の設定を行う．標準の設定では各種の変位や応力がすで選択されており，ここでは [節点ひずみ] を [選択>>] して追加して [設定] する．

⑩ 解析を実行するために [設定項目] の [solver] を選択して，ここでは並列処理を行わず計算経過のログ出力もデフォルトのまま [設定] して，[FrontISTR 実行] ボタンを押して実行する．

⑪ 図 3.1.81 に示すような画面に計算経過が表示され，最後に「FrontISTR Completed !!」と表示されて計算が完了する．著者の環境 (CPU が Core i7 2.2 GHz の，VirtualBox の仮想環境上の Windows) では TOTAL TIME が 0.07 秒で計算が完了している．同様の条件設定で行ったソリッド要素の場合の解析時間が 2.78 秒であり，比較すると約 40 分の 1 の時間で解析を終えている．

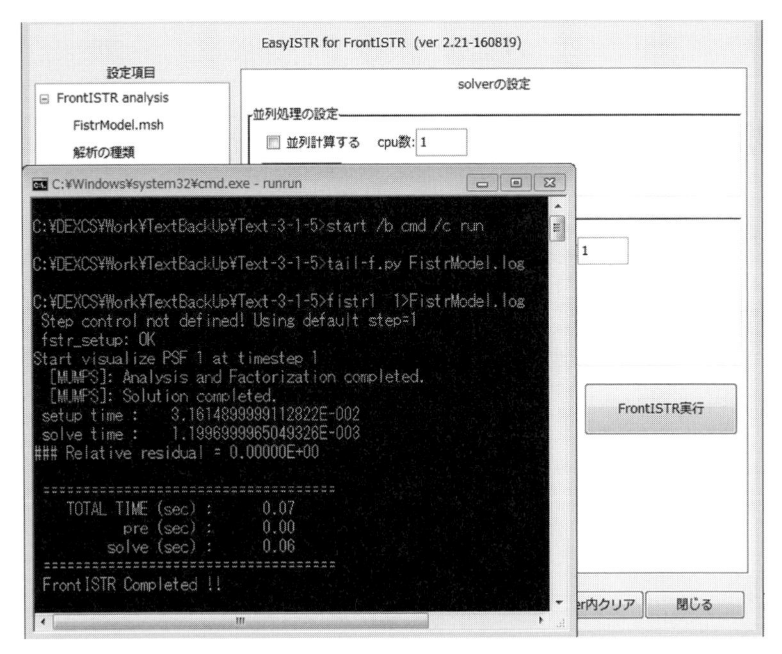

図 3.1.81　解析実行の設定と結果

f.　解析例題の結果の変換，可視化ツールの設定と実行

① 解析結果を可視化する ParaView の準備と起動を行うために，[設定項目] の [post] を選択してから，[データ変換] を押して計算結果を ParaView で利用できる VTK 形式に変換する．さらに主応力などを計算するために [主応力追加] を押して，応力とひずみにおいて可視化で必要となるデータを選択して [追加] する．

② 最後に結果ファイルを可視化するために [ParaView 起動] を押す．図 3.1.82 の ParaView が起動するので [Apply] を押して進めると，解析モデルが 2 次元形状として確認できる．

また，目的とする結果分析に必要な可視化を実現するための概要については，次の「g. 有限要素とシェル要素の比較検討と分析」において示し，OSM で詳細な手順を説明する．

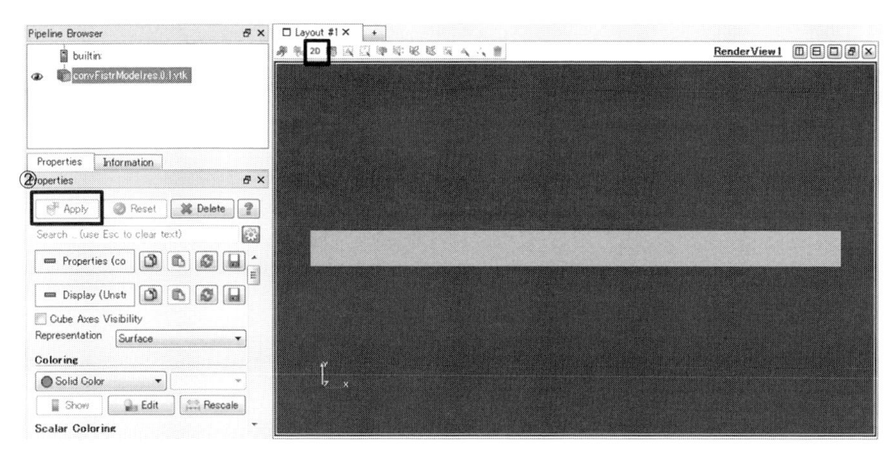

図 3.1.82 シェル要素による片持梁の解析モデル

g. 有限要素とシェル要素の比較検討と分析

この例題 1-5 では，シェル要素でつくられた片持梁に対して曲げ状態における解析手順を説明した．この結果や，設定条件を変化させた場合の解析結果を詳細に分析することで，「a. 解析例題の理論的な説明と比較結果」で注目した 2 つの構造解析の要点について具体的な比較検討を行う．

■ **ソリッド要素とシェル要素の比較と混在：2 つの相違と連携**

〈観点 (1) ソリッド要素とシェル要素との比較検討〉

片持梁をそれぞれの有限要素でモデル化した場合の，解析精度や計算時間などを比較して，それぞれの特徴を分析する．ここではシェルの厚さを変化させた場合や，これまでの例題で検討した荷重条件の場合の解析精度との比較検討を行う．

〈観点 (2) ソリッド要素とシェル要素を混在させた解析〉

さらに，実践的な構造解析で必要となる，ソリッド要素とシェル要素を混在させた解析手法のための設定条件を明確にして，この 2 つを連携させることで効率的な解析を実現する可能性を検証する．特に有限要素の種類が変化した場合の変形の連続性などを確認する．

《分析 (1) ソリッド要素とシェル要素との比較検討》

シェル要素の片持梁において，弱軸周りの曲げ状態つまり中立面の面外曲げの状態について変形量を確認する．例題 1-3 での片持梁先端の変位量は公式では 26.208 mm となる．これに対して，OSM の操作手順により，各種の有限要素解析の結果の中からまず変形状態「DISPLACEMENT」を可視化すると，図 3.1.83

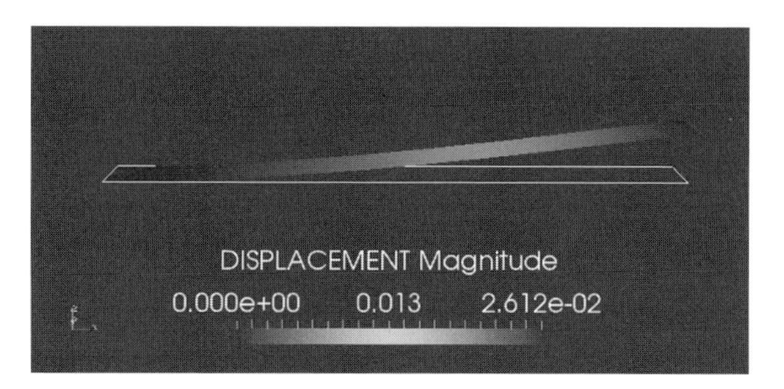

図 **3.1.83** 例題 1-5 の変形状態

のようになる．

シェル要素での解析結果は 26.12 mm で，0.3%程度の誤差である．シェル要素の基準長さが 0.005 m と大きく粗いメッシュであるが，非常に精度の良い結果となった．解析時間も大幅に短縮でき，板状構造物の場合にはシェル要素での解析モデルの作成は有効であることが分かる．

続いて確認のため，片持梁の引張状態の変形や応力を検証する．自由端の荷重を作用させる部分に X 方向に引張力 1000 N を作用させてみると，変形量は 7.277e−6 m となる．例題 1-1 での引張材の先端の変位はフックの法則の式 (1.2.1) から 7.282e−6 m であるため，誤差は 0.07%となり一致している．

《分析 (2) ソリッド要素とシェル要素を混在させた解析》

次に図 3.1.84 に示すように，片持梁の固定端側の半分がソリッド要素で自由端側の半分がシェル要素のモデルを想定し，この混在した解析モデルにおいて，変形の連続性などを確認する．

解析フォルダ「Text-3-1-5A」を作成して，ここに混在モデルのメッシュ情報を

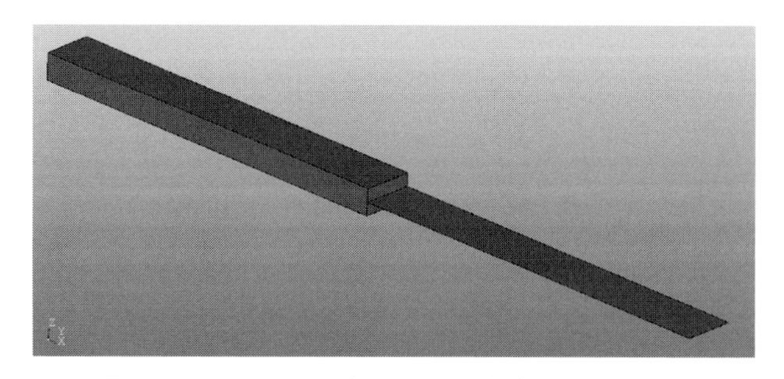

図 **3.1.84** ソリッド要素とシェル要素が混在した片持梁

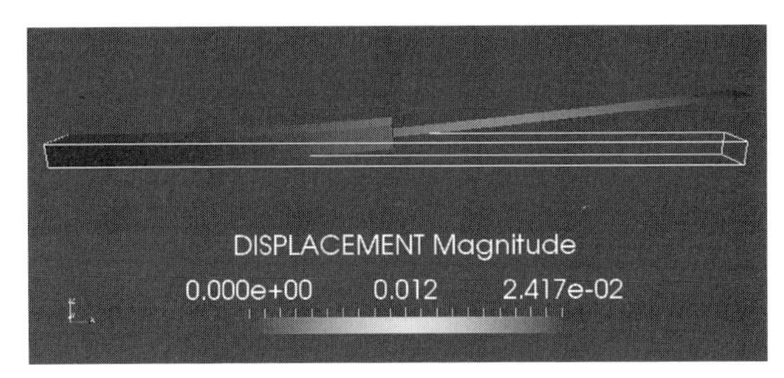

図 **3.1.85** 要素が混在した片持梁の面外変形状態

置く．混在モデルの作成方法は少し複雑な手順が必要となるので，具体的な操作についてはOSMを参照されたい．

この混在モデルに，弱軸周りの曲げ状態になるように Z 方向に荷重 1000 N を与えた場合の変形状態を図 3.1.85 に示す．

荷重を受ける自由端の変形量は 24.17 mm であり，公式では 26.208 mm であるため 8%程度の誤差が生じている．ソリッド要素部分のメッシュの設定が例題 1-3 と同一になっており，ここでの誤差が影響しているためである．

■ シェル要素による構造解析の注意点：荷重と固定の設定方法

〈観点 (1) シェル要素の解析モデルでの面外と面内の曲げ〉

本例題では弱軸周りの曲げ変形として，シェル要素の解析モデルの面外曲げを検討してきた．さらに，ここでは強軸周りに対応する面内曲げを与えた場合のシェル要素の解析結果を検討する．また加えて偶力によるねじりモーメントを与えた場合の解析結果も分析する．

〈観点 (2) シェル要素の固定条件での回転拘束の効果〉

シェル要素の固定条件としては，変位だけでなく回転を拘束することができるので，シェル要素でつくられた片持梁の固定端において，回転の固定設定を外した場合の，面外と面内の曲げ状態における影響の受け方の違いを確認する．

《分析 (1) シェル要素の解析モデルでの面外と面内の曲げ》

まず強軸周りに対応する面内曲げ変形を与えた場合の，シェル要素による片持梁の解析を検討する．解析フォルダ「Text-3-1-5」において，荷重を Y 軸方向に 1000 N と設定して解析を実行する．変形状態を図 3.1.86 に示す．

解析の結果として，強軸周りの曲げ状態をシェル要素による中立面の面内変形とした場合の変形量は 5.97 mm となり，公式による数値が 6.55 mm なので誤差は

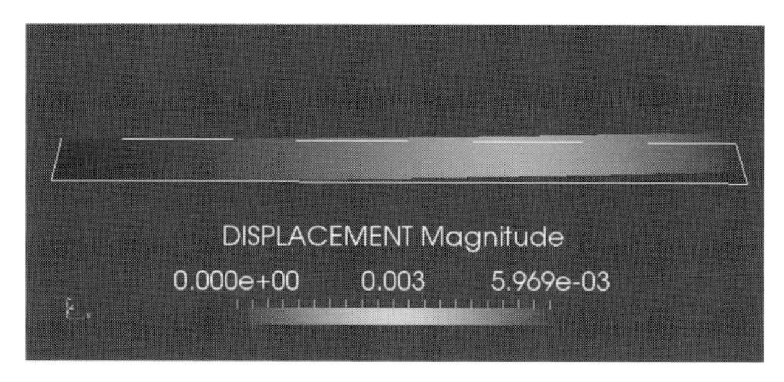

図 **3.1.86** 要素が混在した片持梁の面内変形状態

約 10%になり，面外変形の誤差に比べて著しく大きいことが分かる．これはシェル要素の基準寸法が 5 mm と設定され，面内方向の曲げに対しては 4 つの要素が並ぶ状態となり，十分な解析精度が確保できていないことによる．

そこでシェル要素の基準寸法を 2 mm とした場合の解析モデルを「beam-8.unv」として作成し，解析フォルダ「Text-3-1-5B」で解析を行う．詳細なシェル要素モデルの場合には変形量は 6.473 mm と，誤差が 1%程度に小さくなり，シェル要素の場合であっても面内変形を精度良く解析するためには，十分な細かさの有限要素が必要であることが分かる．

この詳細なシェル要素の解析モデルを修正して，自由端の 2 つの頂点にグループ $l_{p1}+l_{p2}$ を設定し，ここに偶力を与えた場合のねじりモーメントを対象として，解析フォルダ「Text-3-1-5C」に解析モデル「beam-9.unv」を作成して解析する．シェル要素による片持梁のねじり状態を 10 倍に拡大した変形状態を，図 3.1.87 に示す．

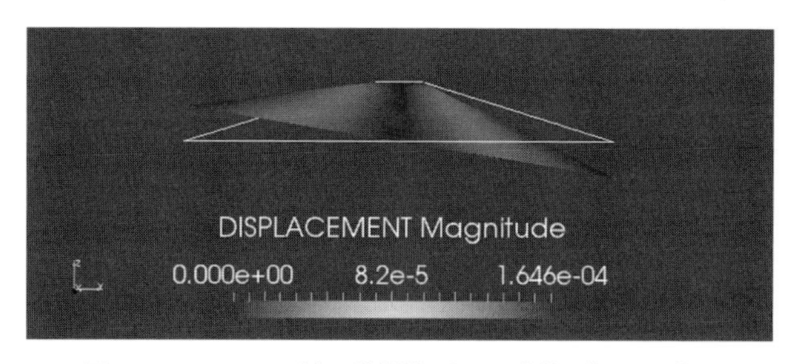

図 **3.1.87** シェル要素の片持梁のねじり状態 (拡大 10 倍)

この結果を見ると，シェル要素による解析では中立面での変形のみが表示され，厚さ方向に離れた表面や裏面の状態は確認できないことが分かる．この場合の荷重点の移動量は 1.646e−4 m となった．例題 1-4 のねじり状態の解析では，公式による断面の最大移動量が 1.767e−4 m であったので，7%ほどの誤差となった．これはソリッド要素による片持梁のねじり状態の場合と同程度である．

《分析 (2) シェル要素の固定条件での回転拘束の効果》

シェル要素では固定条件として変位だけでなく回転も設定することができ，本例題では固定端の条件として，変位と回転の両方を固定するため 0 と設定した．ここでは条件を変えた確認として，回転の固定を外した場合を確認する．この設定は，片持梁の固定端における中立面外への回転を自由にしている．

解析フォルダ「Text-3-1-5」において，上記の設定により解析を実行すると，計算は終了はするが著しく大きな変形となって可視化に失敗してしまう．これは片持梁の固定端の回転を拘束しない場合には，面外方向への回転に対してヒンジ状態となり，実際には不安定構造物となって解析が成立しないことを意味する．

そこで面内方向への荷重を与えた場合の解析を検討すると，この場合には固定端に並ぶ節点の変位が固定されることにより，面内方向の曲げ状態に対して不安定にならず，回転を固定した場合と同様の解析結果が得られる．

3.1.9 弾性応力解析の演習問題

本節で学んだ事項を発展させるための演習問題を，各項ごとに示すので取り組んでほしい．解析の手順や結果については，OSM に解説するので，各自の結果と比較検討することができる．

a. 引張状態の解析

問題 1 片持梁を引張状態にする自由端への荷重を点や線分に与えた場合における応力分布を調べて，サン–ブナンの原理を確認する．

問題 2 断面が円形の片持梁を作成して，固定条件として引張方向のみを拘束した場合のポアソン比の効果を確認する．

問題 3 片持梁の自由端に部材を追加して作成した L 字形断面の部材に対して，引張力を与えた場合のラーメン構造としての応力を確認する．

b. 圧縮状態の解析

問題 1 梁部材の固定条件を線状に設定することでピン支持とローラー支持による単純梁をつくり，オイラー座屈現象を確認する．

問題 2　L 字形断面をもつ片持梁を作成して，これに大きな圧縮力を作用させた場合の座屈変形状態と断面の主軸との関係を確認する．

問題 3　シェル要素の厚さを変化させた円管断面の片持梁に，大きな圧縮力を作用させた場合の座屈状態を確認する．

c.　曲げ状態の解析

問題 1　非常に薄いシェル要素でつくられた円管断面の片持梁に，大変形状態となる曲げ変形での変形を非線形解析で確認する．

問題 2　身近にある棒材として例えば鋼製の 30 cm 定規の曲げ変形を実験で調べて，これを構造解析による変形結果と比較検討する．

問題 3　ピン支持とローラー支持による単純梁の中央に集中荷重を受ける場合や，全体に等分布荷重を受ける場合の変形状態と応力分布を確認する．

d.　ねじれ状態の解析

問題 1　L 字形断面をもつ片持梁を作成して，これに偶力によるねじれモーメントを作用させた場合の変形状態を確認する．

問題 2　薄いシェル要素でつくられた円管断面の片持梁に，偶力によるねじれモーメントを作用させた場合の変形状態を確認する．

問題 3　片持梁の自由端に部材を追加して作成した L 字形断面の部材に対してねじりモーメントを与えた場合の，変形状態や応力分布を確認する．

e.　シェル要素の解析

問題 1　円筒シェルの部材の長さや厚さを変化させた場合の，曲げ変形の変化を確認する．大変形になる場合は非線形解析を行う．

問題 2　楕円断面や矩形断面の管状の片持梁について曲げ変形状態を解析して，片持梁の公式によるたわみ量との比較検討を行う．

問題 3　正方形角型鋼管による片持梁の長さを変化させた場合の，せん断変形と曲げ変形状態における応力の変化を比較する．

3.2　弾塑性応力解析

3.2.1　弾塑性応力解析の目的と条件

本解析システムの構造解析ソルバ FrontISTR では，単純な弾性材料だけでなく，実践的なものづくりの問題解決に活用できるような，様々な材料特性にも対応している．本書では最も基本となる弾塑性特性を考慮した応力解析について解説する．

ここで，改めて弾塑性特性を説明しよう．荷重と変位の関係において，荷重が変化した場合に両者の関係が 1 対 1 で定まる場合を弾性という．例えば荷重が増加して変形しても荷重が 0 になれば変位も 0 になる状態である．多くの材料では荷重が小さい段階ではフックの法則が成り立ち線形関係になる，すなわち弾性となる場合が多い．

しかし荷重が増加して，材料の特性が変化する降伏状態を超えると，荷重の増加時と減少時で変形量が異なり，荷重が 0 になっても残留変形が生じる場合があり，これを塑性と呼ぶ．弾性のあとにこのような塑性が続くような材料特性のことを「弾塑性」と呼ぶ．

a.　材料特性の様々なモデル化

構造解析において材料特性の設定は，最も重要な条件の 1 つである．フックの法則でいえば，弾性は最も単純で基本となる性質であり，荷重と変形の関係を決める材料特性が剛性となった．ただし実際の材料特性を考える上では単に材料の種類だけでなく，様々な条件を考慮する必要がある．

例えば構造物の温度状況によって剛性は大きく変化することが知られており，鋼材の場合，通常の人間生活が可能な温度範囲では大きな変化はないが，その剛性は常温 (25°C) に比べて 500°C になると 75%程度に低減して軟化する．また鋼材の強度は，常温に比べて 500°C では 50%程度に低下することが知られている．このように，構造物が極高温 (火災などを想定) や極低温 (液化天然ガスの貯蔵などを想定) に置かれる場合には配慮が必要である．

また材料特性の時間依存についても注意が必要である．すなわち，荷重が長時間作用する場合には，時間に依存して変形や応力が変化するようなクリープや粘弾性を考慮する必要があり本節でも概念を解説する．また逆にきわめて短時間に荷重が作用するような場合には衝撃力となるが，この場合の材料特性は適当な時間が経過して荷重が定常状態として作用する条件とは同じではない可能性があるので，構造解析にあたっては設定の際に注意する必要がある．

本解析システムでは，以下の 5 種類の材料特性に対応している．

■ 弾性

最も基本となる材料特性であり，変形のしにくさを表す剛性としてヤング率により定義する．これは応力度と歪度の関係を 1 次関数で表すことを意味しているため，図 3.2.1 に示すように実際には線形関係となる場合が多い．比較的小さな荷重レベルの場合には，多くの構造解析において利用される．また，構造物の設計において荷重の作用により変形しても荷重がなくなれば元の状態に戻ることを安全な設計の基準とするならば，構造物は弾性状態を維持することが前提となるため，弾性材料による構造解析から明らかになる応力や変形の程度から，設計に必要な情報を得ることができる．

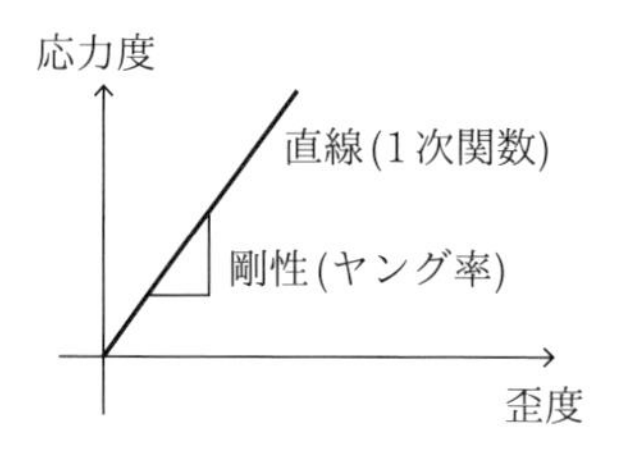

図 3.2.1　弾性の材料特性の概要

■ 超弾性

応力度と歪度との関係が 1 対 1 に決まる関係という点では広い意味での弾性に含まれるが，それが単純な弾性のように直線でない場合を超弾性と呼ぶ．構造材料では最初の弾性の範囲を過ぎて荷重が増加すると，降伏現象が生じ剛性が低下するなど軟化することが多い．しかし超弾性の材料はむしろ荷重が増加すると硬化して剛性が大きくなる特殊な性質をもち，図 3.2.2 に示すような特別な S 字カー

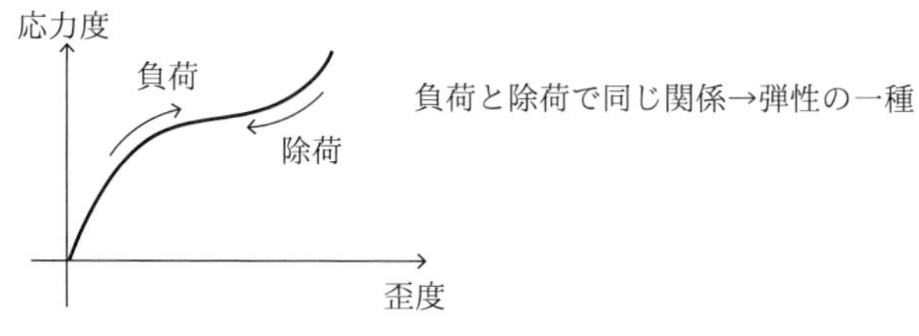

図 3.2.2　超弾性の材料特性の概要

ブ状の応力度–歪度関係となる．ゴム材料にその特性が見られる．

■ 弾塑性

鋼などの金属材料では，荷重が増加して弾性状態を超えて降伏すると材料特性が大きく変化して塑性状態となる．この弾塑性特性には荷重を減少させても変形が戻らずに残留変形が残る場合や，荷重を大きく繰り返したときに応力度–歪度関係が 1 対 1 にならずにループを生じる場合などがある．

高強度の鋼の場合には，直線の弾性が降伏すると，図 3.2.3 (a) に示すように大きく剛性が低下して応力度–歪度関係は水平に近い状態となるため，この部分に注目して弾性部分と降伏後の塑性部分を単純に 2 本の直線でモデル化する弾塑性特性をバイリニア型 (2 直線近似)，図 3.2.3 (b) に示すように降伏後の特性を複数の直線でつなぐことで曲線状に表すモデルをマルチリニア型 (多直線近似) として本解析システムでは利用している．

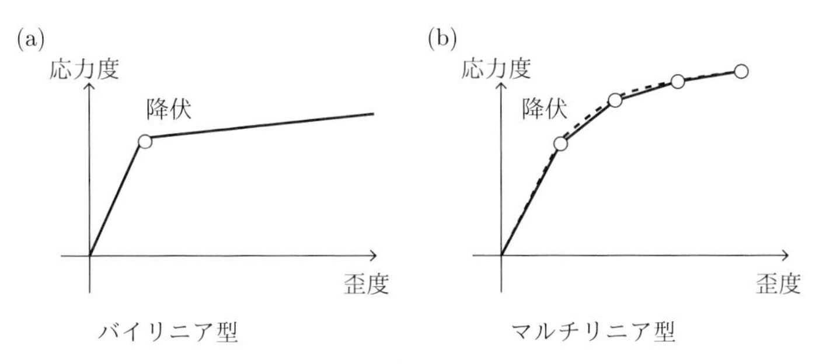

図 3.2.3 弾塑性の材料特性の概要

■ 粘弾性

応力に対する変形が時間差を伴って生じるような液体がもつ粘性的な性質と固体の弾性が組み合わされた材料特性を粘弾性という．これまでの材料特性は時間経過を考慮していないが，粘弾性特性では時間経過に注目して，応力度を一定にしたまま時間の経過を待つと歪度が増加する，別の面を見れば歪度を一定にした場合には応力度が時間とともに減少する応力緩和現象が生じるなどの材料特性を対象とする．具体的には高分子材料や繊維材料などが該当する．

原理的にいえば粘性特性はダッシュポット (液体が入った円筒をピストンで封じ込めたもの) とバネにより表現されるので，図 3.2.4 に示すようにバネとダッシュポットを組み合わせれば様々な粘弾性特性が表現可能である．例えばこれらを直接につないだ材料特性をマクスウェルモデルと呼び応力緩和を表現できる．

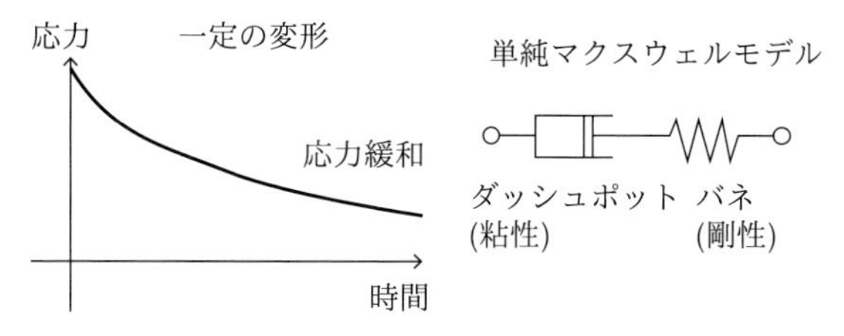

図 3.2.4 粘弾性の材料特性の概要

並列につないだ場合のフォークトモデルでは次に示すクリープを表現できる．

■ クリープ

粘弾性の材料特性として，荷重を作用させて変形した状態で保持し時間の経過を待つとき変形を固定した場合には応力緩和が生じるが，逆に荷重を増加させてある一定の荷重を保持し時間の経過を待つときには変形増加が発生することが知られており，これをクリープという．金属材料などでは高温状態において発生するとされており，材料の融点温度の 3 割を超える温度になると，クリープ現象は著しくなる．

図 3.2.5 に示すように，クリープは時間経過による変形の増加を意味しており，詳細には歪度を用いて説明する．具体的にはクリープ材料の全歪度は，荷重が作用した時点の瞬間歪度と時間の経過によって生じるクリープ歪度の合計となり，このクリープ歪度は有限要素解析などでは，応力度と時間と温度の複雑な関数としてモデル化され様々な提案がなされている．

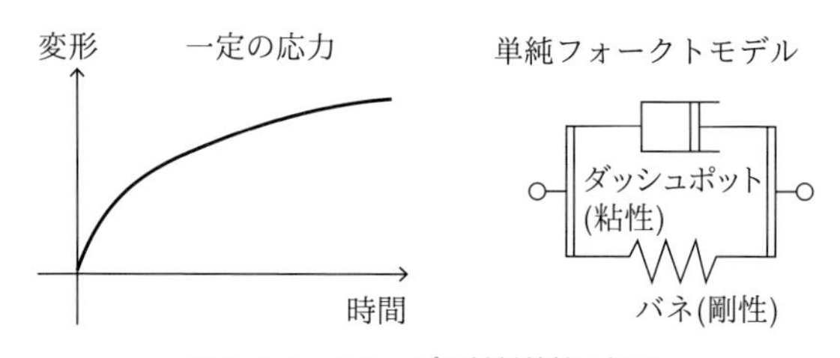

図 3.2.5 クリープの材料特性の概要

この 5 つの中で本節では，非線形解析の基本となる弾塑性特性に注目し，EasyISTR で対応する機能を用いて，解析手順を詳しく説明しながら演習を進める．

なお，弾塑性やクリープなどの材料特性を考慮した非線形構造解析を学ぶときには，参考文献 [16] が有用である．

b.　弾塑性解析の条件設定

実際の構造物は，鋼材や木材，ゴムなど様々な材料を使ってつくられており，これらは各々特有の材料特性をもっている．構造物の挙動を分析する構造解析においては，これらの材料特性の設定は正確な数値解析の基本である．材料の特性は先に説明したとおり，様々な観点からモデル化されているが，ここでは時間に依存しない非線形の材料特性として検証を進める．

比較的荷重が小さく単純なフックの法則が成立する範囲であれば，弾性材料とみなしてヤング率 (剛性) とポアソン比のみで材料特性を決定できるが，荷重が降伏点を超えるほど大きくなった場合には弾塑性材料とみなす必要があり，非線形性を定義する複雑な設定が必要になる．

この弾塑性特性を定義するための条件としては，以下の 2 つが必要である．

- 降伏条件：弾性状態から降伏点を経て塑性状態に移行するときの条件
- 硬化則：降伏後の塑性状態における材料特性の変化の定義

まず降伏条件としては，本書で利用する解析システムの機能に対応して，金属材料を想定した「ミーゼスの降伏条件」を対象とする．これはフォン・ミーゼスにより定義された相当応力を用いて，構造物における複雑な 3 次元的応力状態を 1 つの指標で表現するものであり，単純な棒材の引張力における降伏条件と同様な扱いを可能にすることが特徴である．

次に硬化則については，1 軸の応力状態に対応した相当応力の場合には，応力度と歪度との関係において降伏後の条件が定義できるので，本書では，バイリニア型とマルチリニア型の 2 つを検討する．

バイリニア型は図 3.2.6 に示すように，鋼のように降伏点が明確に表れ，弾性状態の直線と降伏後の剛性が 2 つの直線で表されるような弾塑性特性であり，最も単純な設定となる．

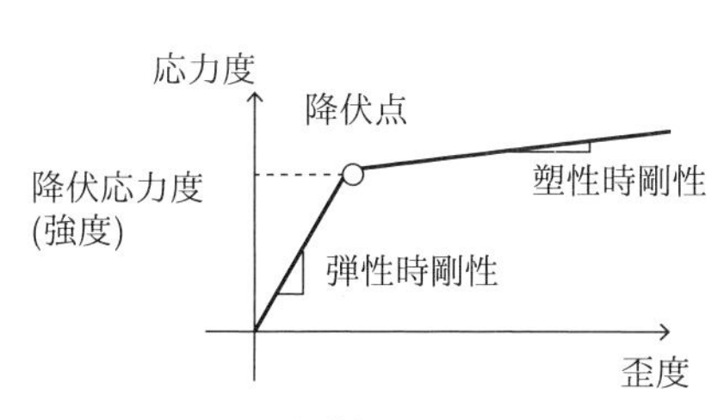

図 3.2.6　弾塑性特性の例：バイリニア型

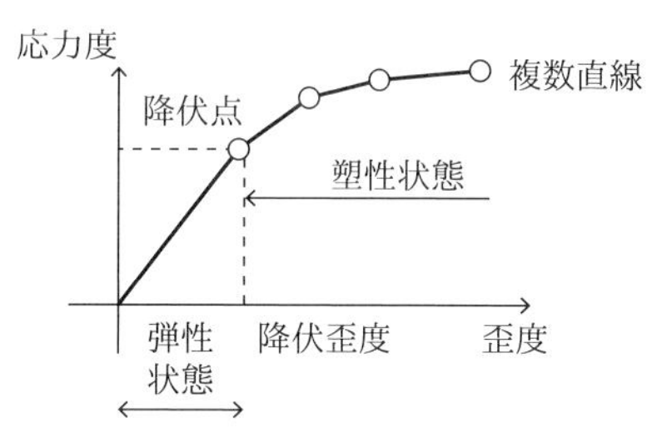

図 3.2.7　弾塑性特性の例：マルチリニア型

マルチリニア型は図 3.2.7 に示すように，アルミニウムのように降伏点が明確に表れず，弾性状態の直線から徐々に非線形が表れて曲線状になる弾塑性特性である．なおこの設定方法を用いることで，任意の塑性状態の硬化則を表現することが可能である．

c.　非線形問題の数値解析の手法

弾性材料の構造解析では，荷重と変形が比例関係にあり，単純な直線 (線形) で表されるため，両者は 1 対 1 に対応している．つまり荷重が 2 倍になれば変形も 2 倍になるため，図 3.2.8 (a) に示すように，構造物の状態は全体支配方程式で表現してこれを一度解くことで決定することができる．

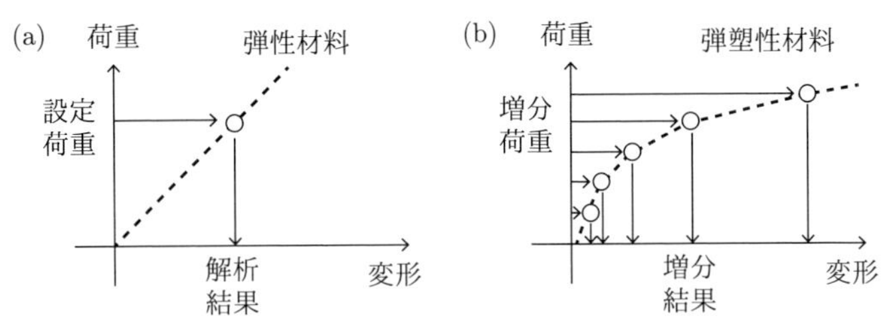

図 3.2.8　弾性材料 (a) と弾塑性材料 (b) の荷重と変形

一方，弾塑性材料では，荷重と変位の関係は単純な線形で表すことができないため，荷重の段階に応じて変形の程度を調べることで単純に比例しない構造物の荷重と変形の関係を決定することになり，この場合に非線形問題としての解法が必要になる．

非線形問題の解法としては，構造物の載荷実験と同じように，徐々に荷重を増加させて目的とする設定荷重まで増分させ，その都度の変形を測定するような段階的な手順をとる．数値解析では図 3.2.8 (b) に示すような増分計算を用いることが必要である．

増分計算の方法としては，載荷実験の場合と同様に荷重を制御する方法と変位を制御する方法の 2 つがあり，これらは荷重と変位の関係によって使い分ける必要がある．図 3.2.9 に示すように，弾性に近い状態であれば荷重の増分に対応して変位も増分するため，どちらの方法を用いても解析が可能であるが，例えば鋼材の弾塑性特性を考えると，降伏後には荷重が増分しなくても変位だけが増分する場合や，変位の増分につれて耐えられる荷重が減少する場合もあり，そのようなケースでは荷重制御では解析ができず変位制御を用いることが必要になる．

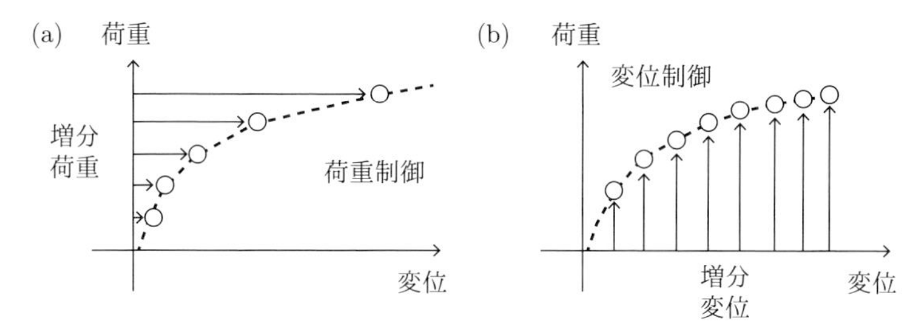

図 3.2.9 荷重制御 (a) と変位制御 (b) による増分計算

さらに載荷実験では，材料の降伏や構造物の破壊によって著しい変形が生じる場合があるが，この場合には変位制御を用いることが不可欠となる．構造解析においても著しい変形を生じるような弾塑性特性の場合には，変位制御を用いることになる．

構造解析において増分計算を行う場合，本来は曲線で表される荷重と変位の関係を，増分区間を十分に小さく設定することで，区分的に線形と仮定する．しかし本来の曲線の関係とは誤差が生じることになり，これを解消するための収束計算が必要となる．

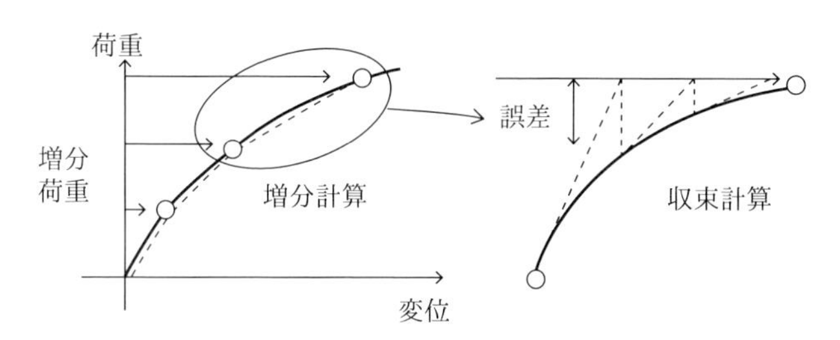

図 3.2.10 増分計算における収束計算の考え方

数学的には，曲線で表される高次関数の非線形方程式の解法として図 3.2.10 に示すようなニュートン法としてまとめられた収束計算手法を用いることが多い．この手法では，増分区間の収束計算において，途中の注目点における接線を剛性として用いて収束計算を行う方法が一般的であるが，この場合には図 3.2.11 に示すように，収束過程における注目点の移動に対応して接線剛性を計算し直す必要がある．構造解析の計算処理では剛性マトリクスの作成は連立方程式を解くことの次に手間がかかる処理である．また，非線形解析では増分により繰返し計算が必要になり，さらに収束計算の時間が必要となる．ゆえに，少しでも単純化する

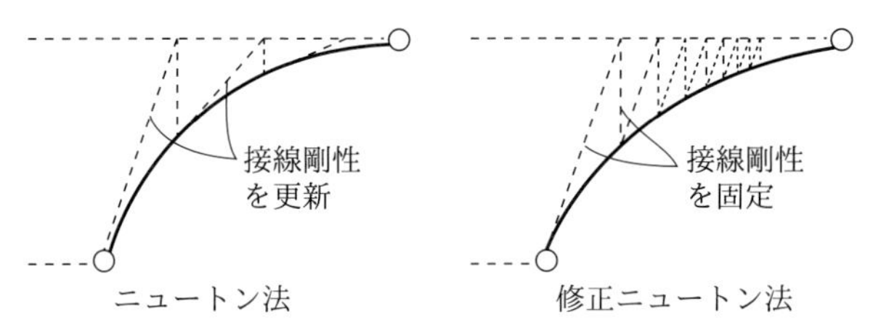

図 3.2.11　ニュートン法の剛性の取り方の違い

ことが求められる．

d.　並列処理の領域分割の考え方

構造解析では，解析モデルの要素数が多くなれば対応して全体支配方程式の自由度も増加することになる．連立方程式を解く際には自由度の 2〜3 乗に比例した計算量となるため，解析時間も解析規模の拡大に対応して著しく増加することになる．

特に，弾塑性解析の場合には非線形問題を増分計算で解くために，増分数だけ連立方程式を解く計算を繰り返すことになりさらに著しい解析時間が必要となる．開発や研究における実践的な構造解析においては大きな課題となる．

これに対応して現在の計算機システムは複数の CPU コア (計算機構) を活用した並列処理が可能であり，PC でも現在では複数の CPU コアをもっており，最低でも 2 コア程度で高性能機では 8 コア以上の CPU もある．

そこで現在では，構造解析を効率よく実現するために並列処理を用いることは一般的になっており，本解析システムも，身近なパソコンから高性能なスパコンまでに対応して並列処理による高速化を実現する仕組みをもっている．なお最近のスパコンでは数千から数万のコアを活用して，超並列計算によりきわめて高速な解析を実現しているが，本書で扱う並列処理は PC の CPU が実装している 4 コア程度の並列処理を対象とする．

並列処理を実現するために，プログラミング技術に対応して以下に示すような仕組みが用いられる．

■ 計算手順内部の並列化

有限要素法による構造解析では，図 3.2.12 に示すような手順で計算を進めるが，この中で特に連立方程式の解を得るのに最も計算時間が必要となるため，この部分を並列処理することにより全体の解析時間を短縮することが可能である．

この場合には並列処理に対応した連立方程式の高速処理専用のライブラリを用

いることで，構造解析プログラムの全体を変更することなく容易に並列処理することが可能であるが，構造解析の全体処理の中で連立方程式の解法処理の占める割合が大きくない場合には，大幅な高速化は難しい．

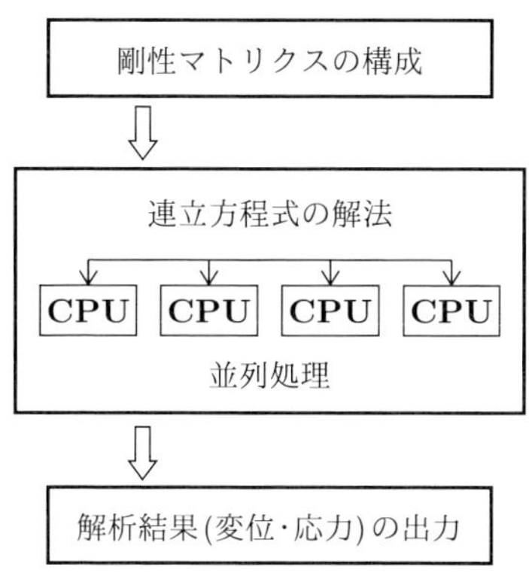

図 **3.2.12**　計算手順内部の並列化

■ 領域分割による並列化

さらに大規模な構造物の解析を目指す場合には，図 3.2.13 に示すように構造解析プログラムの全体の設計において並列化に対応することが有効であり，解析モデルの領域分割による並列化を行うことになる．これは解析対象の構造物を並列処理の個数に対応した領域に分割して，それぞれの領域を並列に処理しながら，領域間境界の整合性を取ることで全体の構造物の解析を実現する方法である．

この場合には，全体の自由度に比べて分割された領域の自由度は大きく低減す

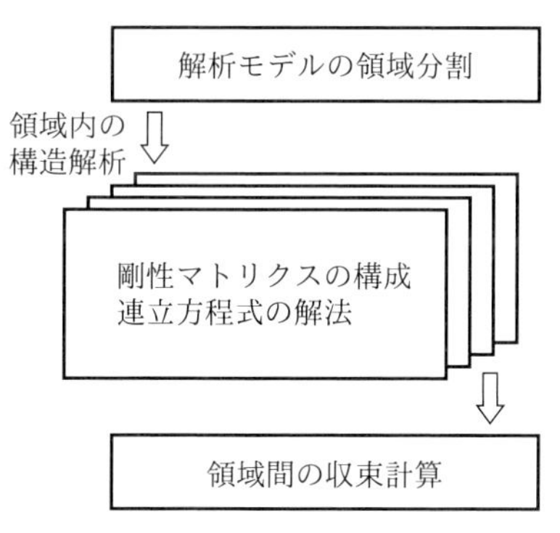

図 **3.2.13**　領域分割による並列化

るが，対象となる全体の解析モデルの領域分割処理，領域ごとの解析結果を元にした領域間境界の収束計算処理，領域ごとの解析結果の統合処理，などの領域分割に必要不可欠な処理があるため，全体の解析モデル規模が十分に大きくない場合には効果が出ない．特に領域間境界の収束計算処理においてはコア間での通信が必須となり，これはコア内部での処理に比べて著しく時間を要するため，注意が必要である．

本解析システムでは，領域分割処理や結果統合処理については EasyISTR による簡単な操作で実現しており，手軽に並列処理による構造解析を実現することが可能である．

なお領域分割による並列処理を用いた有限要素法を学ぶときには，参考文献 [17] が有用である．

3.2.2　例題 2-1：バイリニア型の弾塑性解析

a.　解析例題の理論的な説明と比較結果

ここでは，単純な片持梁に引張力を作用させた場合の荷重と変位の関係を調べることで，バイリニア型の弾塑性特性の効果を調べる．弾性特性による線形解析と比べて非線形解析では複雑な設定が必要となるため，その効果や役割をふまえながら弾塑性解析の基礎理論と操作手順を学んでほしい．本解析システムでは，さらに高度な材料特性として超弾性や粘弾性なども解析可能であるが，本書では非線形解析の基本に限定して EasyISTR も対応している弾塑性解析についてのみ説明を進める．

解析例題は，図 3.2.14 に示すように荷重と変位の関係を直接的に分析できるように片持梁に引張力を作用させた条件とし，3.1 節の弾性解析例題 1-1 で取り組んだ要素の基準となる最大サイズを 5 mm とした基本のメッシュ状態「beam-1.unv」を用いる．

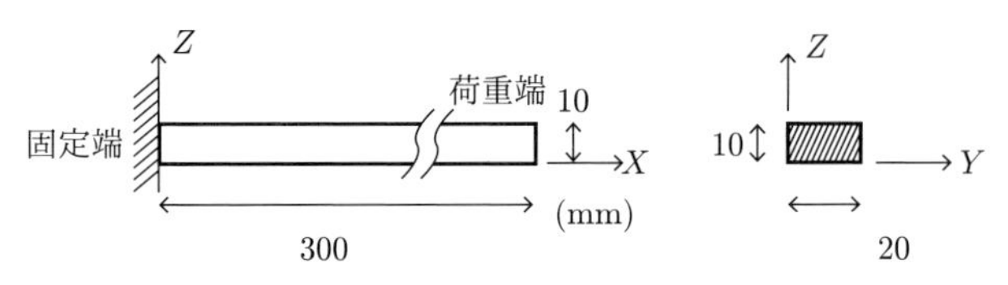

図 3.2.14　解析対象の例題 2-1：片持梁

弾塑性解析の最初の演習として，例題 2-1 では，バイリニア型の材料特性を設定し，以下に示すようにこの設定を確認することや，非線形解析を実現するための増分や収束の条件設定の影響を調べることを目的とする．

■ 増分や収束の設定：増分や収束を変化させた場合の非線形解析

非線形解析を実現するにあたり，各種のバイリニア型の降伏後剛性に対応して，増分計算の最大数を変化させた場合の解析結果を確認する．また収束計算の判定の閾値を変化させることによる解析結果への影響を比較検討する．

■ 降伏後剛性の影響：降伏後の剛性を変化させた場合の弾塑性特性の検討

バイリニア型の弾塑性では，弾性状態の剛性を基本として降伏後の剛性を設定することで，弾塑性特性を表現している．この 2 番目の剛性を変化させたときの非線形解析の実行に対する影響や変形量の変化を比較検討する．

■ 弾性解析との比較：弾塑性解析による曲げ変形量の違いの比較検討

変形が大きく生じる曲げ材に降伏を超える大きな荷重が作用した場合に，断面内部の応力度の変化を分析することにより降伏の進展を確認して，弾性解析と弾塑性解析において変形量がどの程度大きくなるかを比較検討する．

b.　解析入力データの設定と読込と変換：FrontISTR データ生成

① デスクトップ上の「easyistr」アイコンをダブルクリックしてツールを起動する．まず [FrontISTR analysis] タブの [作業用 folder] の [参照] より，3.1.4 項の例題 1-1 の手順と同様に準備した例題 2-1 の解析フォルダ「C:¥DEXCS¥Work¥Test-3-2-1」を選択する．

② 次に [設定項目] の [FistrModel.msh] を選択する．解析モデルは UNV 形式であるから [unv2fistr] を選択し，[ファイル名] に「beam-1.unv」を [参照] から選定して [ファイル変換] すると，メッシュ変換の結果が確認できる．[メッシュ内容] を見ると「modelSize(xyz): 300.0 20.0 10.0」とあり，mm 単位の数値が読み込まれたことが分かる．例題演習では m 単位とするので，[スケール変更] の倍率を「0.001」として [倍率変換] すると解析モデルのサイズが「modelSize(xyz): 0.3 0.02 0.01」に変換される．

③ 次に [設定項目] の [解析の種類] を選択して設定する．ここでは弾塑性解析を実現するために，増分計算と収束計算に基づいた [非線形静解析] を選択する．

c.　解析例題の材料特性の設定，表形式での弾塑性特性の定義

[設定項目] の [材料物性値] から設定を行う．ここでの演習では解析種類の [非線形静解析] に対応して，片持梁の材料を鋼 (Steel) として荷重が弾性範囲を超

えた弾塑性での挙動を対象とする．

弾性解析で用いた「材料DB (mat.csv)」では，基本的な材料の弾性範囲での特性のみが記述されており，弾塑性特性に関しては利用者が材料試験やカタログなどに基づいて適切な弾塑性特性を設定する必要がある．操作は以下の手順に従って行う．

① まず，[設定項目] ツリーの [材料物性値] を選択し，[材料を設定] の [elGroup名] より解析モデル全体を表すグループ [beam] を選択して [選択>>] ボタンで [物性値を定義するgroup] に移してから [設定] する．左端の [設定項目] の [材料物性値] の下に [beam] が追加されるので，これを選択する．

② 弾塑性特性を設定する場合には，荷重が小さい段階での基本となる弾性特性を材料DBから選択して設定しておき，荷重が大きくなった段階での弾塑性特性を表形式の数値指定により設定するような2段階 (手順③④) で行う．

③ まず弾性特性の設定として図3.2.15の上部に示すように，[材料物性値の設定] パネルの最上段の [材料名：] からプルダウンで [Steel] を選択する．[物性値の確認] ボタンより Steel の値が確認できる．これより関連する鋼の材料物性値として，ヤング率 (剛性) が 2.06e+11 Pa であることが分かる．

図 3.2.15 弾塑性材料の弾性特性の設定

④ 次に弾塑性特性の設定として [材料物性値] では，2段目の [材料モデル] を塑性を表す [PLASTIC] に変更すると，続く [降伏条件/タイプ] と [硬化則] の項目を設定することができ，これが弾塑性の材料特性を表現する上での重要な考え方となる．以下にこれら2つの概要 (降伏条件：手順⑤，硬化則：手順⑥) と設定 (手順⑦) を説明する．

⑤ 降伏条件は，材料の特性が弾性から塑性に切り替わる限界状態である「降伏

点」の条件である．様々な材料特性に対応するために各種の条件のモデルが提案されており，たとえば鋼のように降伏後も材料が破断まで伸びるような延性材料に対しては，ミーゼスの降伏条件やトレスカの降伏条件があり，本解析システムでは，主応力を用いた関数形式として表現されるミーゼスの降伏条件が [MISES] として設定可能である．

また降伏を広くとらえて材料の破壊条件とした場合に，地盤やコンクリートのような塑性状態になると破壊するような脆性材料に対しては，モール–クーロンの破壊条件やドラッカー–プラガーの破壊条件などがあり，本解析システムでは [MOHR–COULOMB]，[DRUCKER–PRAGER] としてそれぞれ設定可能である．

本書では主に金属材料の弾塑性特性を対象に演習を進めるため，延性材料の降伏条件である [MISES] を設定する．

⑥ 硬化則とは，降伏条件により弾性を超えて塑性や破壊の状態になった場合に，延性材料などでは特に伸びながらさらに剛性が増加して硬化する場合があり，どのように硬化が起こるかのパターンのことをいう．これをふまえて降伏後の材料特性を設定する．本解析システムでは，以下の 6 種類の硬化則に対応している．

- MULTILINEAR : 材料試験などで得られた降伏後の応力度と歪度との関係を表す点をつないで，多直線の連結による近似で弾性範囲以降の曲線状の応力度–歪度関係を表す．
- BILINEAR : 弾性を表すはじめの直線と降伏後の 2 番目の直線で表す最も基本的な弾塑性特性で，鋼のように降伏の前後が単純な 2 直線で表現できる場合に対応する．
- SWIFT : 応力度と歪度の関係を近似する関数として，歪度 ϵ の n 乗関数 (指数関数) を用いて表現する方法であり，鉄鋼材料に対応する形式である．
- RAMBERGOSGOOD : 地盤やコンクリートなど塑性破壊するような脆性材料に対しての硬化則のモデルであり，パラメータの設定により様々な特性を表現できる．
- KINEMATIC : 硬化則は座標空間上では降伏曲面で表され，これが移動することで初期降伏後の硬化を表現するモデルであり，バウジンガー硬化を表現できる．

- COMBINED：先の KNEMATIC の移動硬化則に加えて，降伏曲面が原点を中心に等方向に拡張する等方硬化則を組み合わせる方法で，加工硬化を表現できる．

⑦ 本節では主に金属材料の弾塑性特性を対象に演習を進めるため，基本となる弾塑性特性として 2 直線で表現する [BILINEAR] と，応力度–歪度の点をつなぐことで自由な硬化性状を表現できる [MULTILINEAR] を扱う．

この例題 2-1 では，最も基本的な弾塑性材料として鋼を想定して，図 3.2.15 に示したように，[材料物性値] で [材料モデル] を [PLASTIC]，[降伏条件/タイプ] を [MISES]，[硬化則] を [BILINEAR] と設定する．

⑧ 次に具体的な硬化則を定義するために，表形式で数値を設定する必要がある．そこで塑性 (plastic) データを作成するための [SS_data 作成・編集] を押して，表計算ツールを起動する．本解析システムでは LibreOffice の Calc を用いて必要なデータを設定するので，[テキストのインポート] パネルに対しては，そのまま [OK] で進める．

⑨ 図 3.2.16 に示すように表計算ツール Calc のウインドウには，すでに B1 セルに「SS_curve」と記され，これは応力度 (stress) と歪度 (strain) の曲線 (curve) を意味している．またその下の B2 セルに「value」，B3 セルに「stress」と記されており，これらは表形式で設定するデータの属性を示すキーワードになるため，そのままにしておく．

	A	B	C
1		SS_curve	
2		value	stress
3		20600000000	245000000

図 3.2.16　LibreOffice Calc による硬化則データの設定

⑩ 具体的なバイリニア特性は図 3.2.17 に示す設定であり，これに対応して表形式では，value が降伏後の 2 本目の直線の剛性で，stress が弾性から塑性に切り替わる降伏点の応力度を表している．これらの属性の下のセルに具体的な数値を入力していく．設定とその意味としては，降伏後の剛性は弾性の剛性 ($2.06e+11\,\mathrm{N/m^2}$) の 10 分の 1 で「2.06e+10」を，降伏応力度は鋼材の種類によって異なるが本書では建築用鋼材 SS400 の値である 245 MPa ($2.45e+8\,\mathrm{N/m^2}$) を設定する．なお表形式での入力では，指数形式 2.45e+8

でも 0 を並べた 245000000 でもよい.

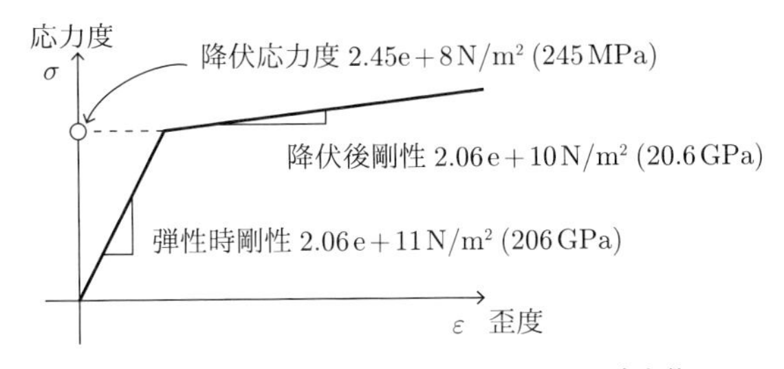

図 **3.2.17** バイリニア型の弾塑性特性の設定条件

⑪ 弾塑性特性の数値を表形式で設定したら，表計算ツールを終了するために [ファイル]⇒[保存] を選択すると，[ファイル形式の確認] が表示されるが，必ず [テキスト CSV 形式を使用] を押して [保存] して，[ファイル]⇒[LibreOffice の終了] で閉じる．以上で弾塑性特性の材料物性値が定義できたので，[設定] する．

⑫ ここで EasyISTR ウインドウの下に並ぶ [folder 開く] を押すと，現在の解析フォルダ「Text-3-2-1」のファイルの内容が確認できて，ここに先に LibreOffice Calc で作成した弾塑性特性の「Steel_PlasticSSdata.csv」がつくられている．

以上で設定した弾塑性特性について，理論的な詳細を学ぶときには，参考文献 [18] が有用である．

d.　解析例題の固定条件と荷重条件の設定

① [設定項目] の [境界条件] より固定条件と荷重条件を設定するため，項目の左の [+] ボタンを押して各種の条件を表示し，まずは [BOUNDARY (変位)] を選択して固定条件を設定する．

② [nodeGroup 名] の欄に固定条件を指定する [fix] グループがあるので，これを選択して [選択>>] ボタンで [設定する Group] の欄に移して [設定] する．

③ [設定項目] に [fix] が追加されるので選択し，XYZ 方向の変位が 0.0 であることを確認して [設定] する．これは，固定面「fix」に含まれるすべての節点の変位量が 0.0 となり固定されることを意味する．

④ 次に [CLOAD (荷重)] を選択して，同じ手順で [load] グループに指定面への荷重条件を設定する．ここで面へ設定する集中荷重の種類 (節点への分配方法) は，指定面が等分布荷重となる調整値を節点に配分するために，

[等分布トータル荷重] を選択する．

⑤ ここでは片持梁が降伏点を超えて，弾塑性特性を示す引張状態となるような荷重を設定する．この片持梁は断面積が $2 \times 1 = 2\,\mathrm{cm}^2$ であり，降伏応力度を 245 MPa としているため，降伏する引張力は 49000 N と算出されるが，弾塑性が進む状態を見るために，そこから 20%程度大きな 60000 N (約 6122 kg) の荷重を，部材軸 X 軸の引張力 (+ 方向) として設定する．

e. 解析例題の数値解析の条件設定と実行

弾塑性解析では，非線形計算を実現するために増分計算と収束計算が必要になるが，構造解析の支配方程式は，荷重と変位の関係を剛性により表す形式であるから，増分の対象としては荷重と変位のどちらかの設定が可能になる．例題 2-1 では以下の手順で先に設定した 60000 N の荷重に対して増分を設定し，解析を行う．

① まず [設定項目] の [ステップ解析] を選択して，増分条件を設定する．[group 名] の欄に増分条件を指定する [STEP] グループがあるので，これを選択して [選択>>] ボタンで [設定する Group] の欄に移して [設定] する．[設定項目] に [STEP] が追加されるので選択する．

② 続いて図 3.2.18 を参照して，収束条件の各項目の設定を行う．まず増分計算の形式を [TYPE] で設定する．本解析システムでは，以下の 2 種類を選択可能である．

- STATIC : 時間に依存しない材料特性による静的解析として，標準的な弾塑性解析などに対応する．
- VISCO : 材料特性が時間に依存する粘弾性やクリープを用いた静的解析として，増分収束計算を設定する．

ここでは時間に依存しない単純なバイリニア型の弾塑性解析なので [STATIC] を選択する．

③ 次に収束計算の判定の閾値を [CONVERG] の値として設定する．この値はデフォルトでは「1.0e−6」となっており，通常は変更する必要はないが，もし弾塑性解析の結果が十分な精度にならない場合はさらに小さな値にする．ただし変更した場合には 1 つの増分計算における収束計算の回数が多くなるため，計算時間が大きく増加する．

④ 次に増分計算のステップ数を設定する．[SUBSTEPS] は先に設定した荷重の設定値 60000 N をいくつに分割して解析するかを指定する項目であり，大きな値を設定するほど，増分計算において細かな増分荷重を設定するこ

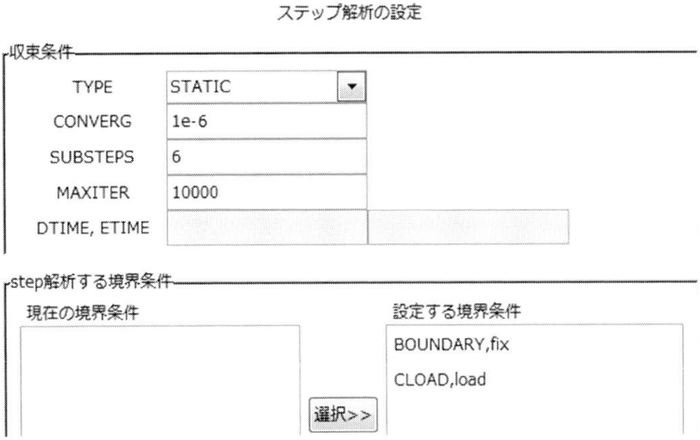

図 3.2.18 ステップ解析の設定

となり，正確な弾塑性特性を得ることができる．一方で，非線形性が強い弾塑性特性の場合には，増分が大きすぎると収束が難しくなり収束計算の時間が増加したり，収束を実現できないこともある．ここでは予備的な解析として解析精度よりも解析時間を優先して [SUBSTEPS] を 6 に設定し，1 ステップで 10000 N の荷重を増分させることにする．

⑤ 次に非線形解析における増分計算や収束計算の最大の反復計算回数を [MAXITER] として設定する．この値は弾塑性特性の非線形性の強さや増分荷重の大きさなどによって影響を受けるが，十分な精度で解析を実現するためには，相当数の反復計算回数が必要であり，ここでは 10000 回に設定する．なおこの値は，増分計算 1 ステップでの反復計算の限界ではなく，増分全ステップ数を通した収束計算で実行する反復計算の最大数を表している．

⑥ 最後にステップ解析の対象となる属性 (境界条件) として，[現在の境界条件] の中から，固定条件 [BOUNDARY, fix] と荷重条件 [CLOAD, load] をすべて選択して [選択>>] ボタンで [設定する境界条件] の欄に移して図 3.2.18 下のように [設定] する．

⑦ 弾塑性解析の設定が完了したので，解析を実行するために [設定項目] の [solver] の左にある [+] ボタンを押して [線形 solver] より連立方程式ソルバを設定する．デフォルトの設定として反復法の [CG] が選択されているが，例題では解析モデルのサイズは大きくないため，安定して解を求めることが可能で解析時間も短い効率的な直接法として [METHOD] は [MUMPS] を

選択する．詳細な前処理手法，反復回数，打ち切り時間などが設定できるが，ここではそのままで [設定] する．なおこの部分でも反復回数の最大数を設定するが，これは増分解析とは別で連立方程式ソルバ内部での反復回数の設定である．

⑧ 次に [設定項目] の [出力] を選択して，出力項目の設定を行う．左欄 [出力項目] の候補から選択し，[選択>>] より実際に出力する右欄 [設定する出力項目] に追加する．デフォルトの設定では [変位] と [各種応力] が選択されており，ここでは [節点ひずみ] を [選択>>] して [設定] する．

⑨ 解析を実行するために [設定項目] の [solver] を選択して，ここでは並列処理を行わず計算経過のログ出力設定も変更しないため，デフォルトで [設定] して，[FrontISTR 実行] ボタンを押して実行する．

バイリニア型の弾塑性特性では，降伏後の剛性が小さくなり荷重の増分に対して変形量が大きくなるため収束計算が多数必要になることが多く，特に弾性から塑性に切り替わる降伏点においては，剛性が大きく変化するために収束が難しくなることが多い．

この設定の弾塑性解析では，効率的な直接法ソルバの MUMPS を用いているため増分ステップ 6 としても解析時間は 13.6 秒となる．標準の反復法ソルバの CG 法による弾性解析では，同様な条件で行った例題 2-1 の解析時間が 2.78 秒であるから，増分計算と収束計算を合わせて約 5 倍の解析時間で完了していることがわかる．比較検討として弾塑性解析も CG 法で行うと 561 秒となり，202 倍となっていることから，単純に考えると，増分計算と収束計算の全体で 202 回以上の反復計算を行ったことになり，平均すると 1 つの増分ステップにおいて 34 回の収束計算を行う状況であり，この例題 2-1 では収束計算が非常に多く必要であることが分かる．

⑩ ここで EasyISTR の [folder 開く] ボタンで解析フォルダの内容が確認できる．弾性解析と異なり増分計算を行っているため，1〜6 ステップの解析結果が「FistrModel.res.0.1〜6」として増分ステップ数だけファイル出力されている．計算経過を表示するウインドウは確認したら閉じる．

f. 解析例題の結果の変換，可視化ツールの設定と実行

① ポスト処理ツール ParaView の準備と起動を行うために，[設定項目] の [post] を選択して，[ParaView による可視化] の項目において [データ変換] を押し，ソルバ FrontISTR の計算結果を ParaView で利用できるデータ形

式 (VTK 形式) に変換する．解析フォルダを見ると，解析結果ファイル「FistrModel.res.0.1〜6」に対応して「convFistr Model.res.0.1〜6.vtk」がつくられる．さらに構造解析結果の応力を分析するときに必要となる主応力などを計算するために [主応力追加] を押して，応力とひずみにおいて可視化で必要となるデータを選択して [追加] する．

② 最後に結果ファイルを可視化するために [ParaView 起動] を押し，起動したら [Apply] を押して進めると，解析モデルの形状が確認できる．詳細な手順についてはOSM，EOM の p.26 を参考にされたい．また，次の「g. 解析例題の結果の比較検討と分析」において目的とする結果分析に必要な可視化を実現するための具体的な操作方法についても，上記の OSM で説明する．

g.　解析例題の結果の比較検討と分析

■ 増分や収束の設定：増分や収束を変化させた場合の非線形解析

例題 2-1 の弾塑性解析の手順では，荷重の増分ステップを 6 として予備解析を行った結果，最後の 6 ステップ目の変形状態が図 3.2.19 のようになり，引張材の伸びは 1.239e−3 m (1.239 mm) となった．

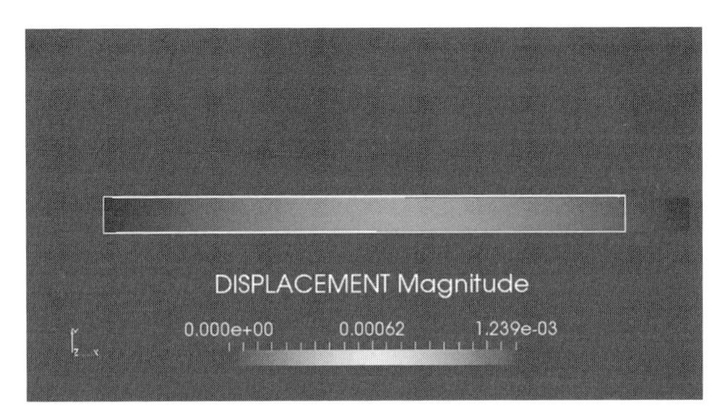

図 3.2.19　予備解析 6 ステップ目の変形状態

ParaView ではステップごとの変形状態をコマ送りの動画のように見ることができるので，[Scale Factor] を 30 として変形を拡大して前後に動かしてみると，4 ステップ目まではほとんど変形が見えないが，5 ステップ目で著しい変形が生じていることが分かる．

この予備解析では 1 ステップの荷重は 10000 N なので，50000 N の荷重が作用した段階で降伏して変形が大きくなる結果である．これはバイリニア型の弾塑性特性の設定として降伏応力度を 245 MPa としており，断面積を考慮した降伏軸力が 49000 N となることに対応している．

以下の比較検討では，増分や収束の設定を変化させた場合の，バイリニア型弾塑性特性の解析の状態と結果について分析する．

〈観点 (1) 増分ステップの増加〉

先の解析手順の説明では，予備解析として全増分ステップを 6 としたが，降伏点の状態を正確に調べるために 60 に増やし，1 ステップの荷重増分を 1000 N とした場合を検証する．

〈観点 (2) 収束の閾値の変化〉

これまでの収束計算の閾値はデフォルトの 1e−6 としていたが，これを増減させた場合に反復計算の総数が変化して計算時間がどのように変わるかを検討し，解析精度に与える影響も確認する．

《分析 (1) 増分ステップの増加》

[設定項目] の [ステップ解析]⇒[STEP] を選択し，全増分ステップ数である [SUBSTEP] の値を「60」として [設定] する．ここで弾塑性解析を再度実行する場合に，増分ごとの結果が重複しないように，EasyISTR ウインドウの下部にある [folder 内クリア] より解析フォルダ内の解析結果などの関連するファイルを削除しておく．項目 [solver] に移動して，[FrontISTR 実行] ボタンを押して実行する．

このとき，解析フォルダに結果ファイルがつくられる様子を見ると，増分ステップ 48 までは解析開始後すぐに出力されるのに対して，49 ステップ目からは収束計算のためにある程度の時間をかけて出力されており，これは降伏後の塑性状態において収束計算が多数必要になったためと推測される．

先の全 6 ステップの場合 (解析時間約 13 秒) と比べて，増分ステップは 10 倍になっているが，解析時間を見ると約 80 秒で約 6 倍にとどまっている．これは増分ステップ数を増加させると，1 ステップの増分荷重は小さくなり収束計算が減少するためである．

最終段階の引張材の伸びは 1.239e−3 m (1.239 mm) と，先の全 6 ステップの予備解析と同一の結果となっており，これはステップごとの荷重増分が大きくても完全に収束させることで十分な解析精度を実現しているためである．同様に各ステップの変形の状態を確認すると，48 ステップ目まではほとんど変形が見られないが，49 ステップ目から大きく変形するようになり最後の 59 ステップ目まで同じような傾向で伸びている．

ここで引張力を作用させた自由端の変形をステップごとに抽出することで，荷重–変位関係のグラフを図 3.2.20 のように表すことができる．

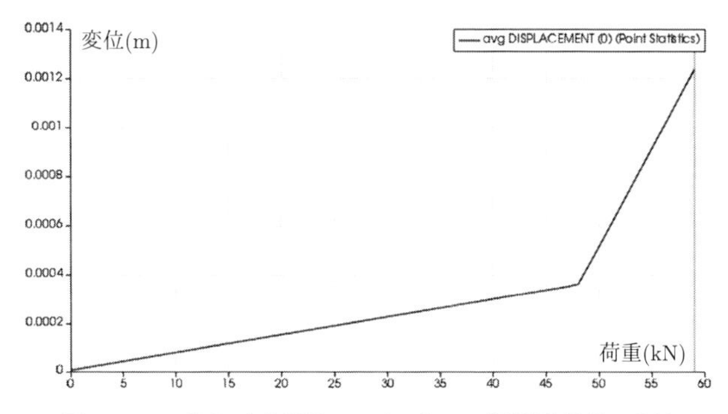

図 3.2.20　荷重–変位関係でのバイリニア型弾塑性特性の確認

このグラフではバイリニア型の弾塑性特性に対応した 2 直線が確認でき，原点が荷重 0 N・変位 0 mm，降伏点が荷重 49000 N・変位 0.359 mm，最終ステップが荷重 60000 N・変位 1.238 mm となっている．これより軸剛性 (荷重増分量/変位増分量) を計算すると，弾塑性段階が 1.276e+5 N/mm，降伏後の塑性段階が 1.288e+4 N/mm とほぼ 10 分の 1 となり，バイリニア型弾塑性のヤング率の設定と完全に対応している．

《分析 (2) 収束の閾値の変化》

これまでの解析の設定では，収束計算の終了を判定する閾値を「1e−6」と設定しているが，これを変化させることで解析の精度や時間に与える影響を検討する．基本とするのは全増分ステップ 60 の解析であり，これに対して閾値を 100 倍の「1e−4」と 100 分の 1 の「1e−8」に変更した場合を解析する．

まず閾値を 100 倍大きくした場合には，解析時間は約 50 秒で約 63%まで短縮されており，最終段階の引張材の伸びは 1.238e−3 m であり，例題 2-1 のような単純な条件での弾塑性解析では誤差は無視しうるほどであった．

次に閾値を 100 分の 1 に小さくした場合には，収束に失敗して結果が得られなかった．小さすぎる閾値では収束が実現できない場合がある．そこで 10 分の 1 に小さく (1e−7) した場合を試すと，解析時間は約 95 秒で 119%に増加しており，最終段階の引張材の伸びは 1.239e−3 m でありほとんど変化は見られなかった．

以上により収束判定の閾値は，解析時間にある程度の影響を与えるが，解析精度への影響は問題の条件に依存していることがわかる．例題 2-1 のような単純な設定では影響は大きくはないが，有効桁数に対応したある程度小さい閾値を設定する必要がある．

■ **降伏後剛性の影響：降伏後の剛性を変化させた場合の弾塑性特性**

先の検討では，弾性のヤング率 2.06e+11 Pa に対して降伏後の塑性時のヤング率を 10 分の 1 の「2.06e+10」としたが，本来の鋼の特性に対応したバイリニア型の弾塑性特性としては，100 分の 1 の「2.06e+9」を設定することが多い．ここでは，塑性時のヤング率の設定が解析に与える影響を検討する．

〈観点 (1) 降伏後のヤング率の影響の確認〉

実際の鋼材の材料特性に対応したバイリニア型の弾塑性モデルとして，降伏後の剛性をさらに小さい「2.06e+9」に設定した場合の，解析の影響や精度を確認する．

《分析 (1) 降伏後のヤング率の影響の確認》

弾塑性解析では増分計算を行うため計算時間が長く，解析結果の比較検討のために再計算することが手間になるため，例題 2-1 の解析フォルダ「Text-3-2-1」の全体をコピーして，フォルダ名を「Text-3-2-1A」に書き換えたものを用いて，以下の手順で検証を進める．

① 統合支援ツール EasyISTR を改めて起動し直して，[作業用 folder] として新しいフォルダ「Text-3-2-1A」を [参照] から選択して，前の解析結果を削除するためにツールの下段にある [folder 内クリア] を利用する．ここで先の検討で収束の閾値を変更しているので，[設定項目] の [ステップ解析]⇒[STEP] の [CONVERG] を標準設定の「1e−6」に戻しておく．

② 次に検証の目的である降伏後のヤング率を変更するために，[設定項目] の [材料物性値]⇒[beam] を開いて，[SS_data 作成・編集] を押して塑性時の剛性を変更する．現状が弾性のヤング率の 10 分の 1 の「2.06e+10」(20600000000) となっているので，これを 100 分の 1 の「2.06e+9」(2060000000) に変更して，[テキスト CSV 形式を使用] で保存して閉じる．

③ 本解析システムでは，EasyISTR で構造解析に必要な設定ファイルなどをすべて生成するが，この内容を確認する場合にはツールの下段にある [制御 file 編集] より「hecmw_ctrl.dat」,「FistrModel.cnt」の 2 つのファイルをエディタ TeraPad により表示する．ここで解析条件の設定を確認するためには,「FistrModel.cnt」の内容を検討することになり，上記の弾塑性特性

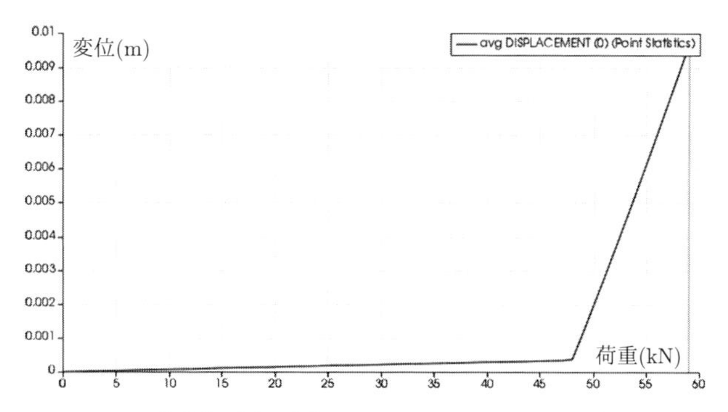

図 3.2.21 降伏後剛性を変化させたバイリニア型弾塑性特性の確認

の設定については，この設定ファイル後半の「Material」の記述を，FUM の p.67 に基づいて検証する．

④ 降伏後のヤング率を変更した場合の弾塑性解析を実行するために，[設定項目] の [solver] より [FrontISTR 実行] で解析を進める．

解析時間としては 608 秒となり変更前に比べて約 8 倍に増加しており，これは降伏後のヤング率が 100 分の 1 になったことで，収束計算が相当に増加した結果といえる．最終段階の引張材の伸びは 9.716e−3 m (9.716 mm) であり，降伏後の剛性を 10 分の 1 から 100 分の 1 に減少させたことで，変形が 8 倍増加しており想定した変化である．

ここで引張力を作用させた自由端の変形をステップごとに抽出することで，荷重–変位関係のグラフを図 3.2.21 のように表すことができる．

このグラフではバイリニア型の弾塑性特性に対応した 2 直線が確認でき，原点が荷重 0 N・変位 0 mm，降伏点が荷重 49000 N・変位 0.384 mm，最終ステップが荷重 60000 N・変位 9.716 mm となっている．これより軸剛性を計算すると，弾塑性段階が 1.276e+5 N/mm で降伏後の塑性段階が 1.179e+3 N/mm とほぼ 100 分の 1 となり，バイリニア型弾塑性のヤング率の設定と完全に対応している．

■ 弾性解析との比較：弾塑性解析による曲げ変形量の違いを比較検討

弾性解析の例題 1-3 では，片持梁の曲げ変形を検討しているが，材料の降伏を考慮してない．例えば実際の骨組構造の梁部材などに曲げモーメントが作用すると断面内に曲げ応力度が発生し，地震などの大きな荷重によってその曲げ応力度が降伏応力度を超えることで構造物の崩壊などが生じるため，重要な現象である．そこで片持梁の曲げ変形状態において，断面内の応力度分布に対応して降伏が生じる場合を検証する．

〈観点 (1) 断面内の降伏を考慮した曲げ変形の分析〉

本書で用いている片持梁は，長さ 30 cm で断面が 2 cm × 1 cm の矩形である．自由端に集中荷重を作用させて，固定端に向かって増加する曲げモーメントを断面の弱軸周りに与えて曲げ変形が生じる状態を考える．

矩形断面の曲げ応力度 σ_{b} は，作用する曲げモーメント M と断面係数 Z により，式 (3.2.1) のように表される．例題 2-1 の片持梁の場合は，先端の集中荷重 P と部材長 L より曲げモーメント $M = P \cdot L$ となり，矩形断面の幅 b と高さ h より断面係数 $Z = bh^2/6$ となる．この曲げ応力度は，図 3.2.22 (a) に示すように中立軸で 0 となり断面の上下端に向かって大きくなる分布となる．

$$\sigma_{\mathrm{b}} = \frac{M}{Z} \tag{3.2.1}$$

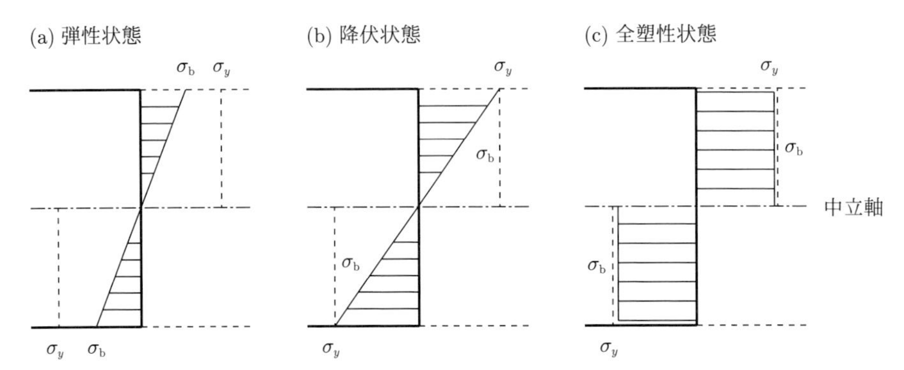

σ_{b} : 曲げ応力度　σ_y : 降伏応力度

図 3.2.22　曲げ応力度 σ_{b} の状態と全断面降伏の状態

弾塑性解析では，図 3.2.22 (b) に示すようにこの曲げ応力度の最大値が降伏応力度に達した上下の端部から塑性の影響が始まり，さらに荷重の増加に対応して全断面に塑性が進展することになり，最終的にすべての断面が曲げモーメントで塑性化すると図 3.2.22 (c) に示すように全断面降伏の状態となる．

矩形断面の寸法 (断面幅 $b = 2$ cm，高さ $h = 1$ cm) より弱軸周りの曲げに対する断面係数 Z は 3.333e−7 m^3 で，降伏応力度は 245 MPa (2.45e+8 N/m^2) なので，塑性の影響が始まるモーメントの大きさは 71.333 Nm となり，部材長さ 0.3 m から先端の荷重が 237.778 N の段階で降伏現象が生じることになる．さらに降伏が進展して全断面が降伏する状態では，塑性断面係数 Z_{p} が式 (3.2.2) で表され，

この例題では

$$Z_{\mathrm{p}} = \frac{bh^2}{4} = 5.000\mathrm{e}{-7}\,\mathrm{m}^3 \tag{3.2.2}$$

となる．全塑性モーメント M_{p} は 107.5 Nm なので先端の荷重が 358.333 N で全断面が降伏することになる．この材料力学を用いた弾塑性状態の分析からは，例題で用いている片持梁の鋼材の弾塑性特性をバイリニア型と想定するならば，荷重 358.333 N で全断面が降伏して構造物が崩壊することになる．3.1 節の例題 1-3 の曲げ状態では荷重 1000 N を設定しているが，本来であれば全断面降伏で構造物が成立しないことになる．

そこで以下では片持梁の自由端に作用する荷重を 600 N と設定して，十分な弾塑性状態が展開した場合の変形量と弾性解析の変形量の比較検討を行う．

《分析 (1) 断面内の降伏を考慮した曲げ変形の検討》

① 曲げ変形を検討するための弾塑性解析用のフォルダとして，新たに「Text-3-2-1B」を作成する．

② 例題 2-1 ではこれまで，有限要素の最大寸法を 5 mm とした標準モデルを用いて引張材を検討してきたが，曲げ材の場合には断面内に曲げ応力度が分布するために詳細なメッシュが必要となる．そこで，例題 1-3 の解析フォルダ「Text-3-1-3A」の「beam-2.unv」を新しい解析フォルダ「Text-3-2-1B」にコピーしておく．

③ EasyISTR を改めて起動し直して，[FrontISTR analysis] より [作業用 folder] として新しいフォルダ「Text-3-2-1B」を [参照] から選択して，これまでの弾塑性解析と同様の設定を行う．まず [設定項目] の [FistrModel.msh] より「beam-2.unv」を [参照] から選択して [ファイル変換] する．読み込んだメッシュ情報は mm 単位なので，[スケール変更] で倍率 0.001 を設定して [倍率変換] しておく．

④ [設定項目] の [解析の種類] で [非線形静解析] を選択して [設定] する．

⑤ 次に [材料物性値] を項目 [beam] に，以下のように設定する．

材料名：Steel (弾性状態のヤング率などを確認する)

材料モデル：PLASTIC

降伏条件/タイプ：MISES

硬化則：BILINEAR

硬化則のバイリニアに対応した [塑性 (plastic) data] の設定は以下のとおり．

value (降伏後のヤング率) ：2060000000 (2.06 GPa：弾性の 100 分の 1)

stress (降伏応力度) ：245000000 (245 MPa)

[境界条件] の設定は以下とおり．

fix (固定端の拘束) ：XYZ 方向すべて 0.0

load (自由端の荷重) ：等分布トータル荷重で Z 方向に 600 N

弾塑性解析の [ステップ解析] の設定は以下のとおり．

CONVERG：1e−6 (デフォルト)

SUBSTEP：60 (増分ステップあたりの荷重増分は 10 N)

MAXITER：10000 (十分な反復計算を実行するため)

設定する境界条件：BOUNDARY ⇒ fix，CLOAD ⇒ load

[solver] での [線形 solver] の設定は以下のとおり．

METHOD：MUMPS (計算効率を重視し直接法を選択)

この設定で [設定項目] の [solver] の [FrontISTR 実行] を押し，弾塑性解析を実行する．解析時間は 4482 秒となり，増分ステップは 60 で同一にもかかわらず，引張力を受けるときの 608 秒と比べて 7 倍以上の著しく長い計算時間となった．これは荷重が増加して塑性状態が進展した場合に，全断面が降伏すると固定端の曲げモーメントが大きな断面がヒンジ状態となり，曲げ変形が大きくなることにより収束計算が難しくなるためである．

解析結果を可視化して最終的な変形量を見ると 5.186e−2 m (51.86 mm) であり，さらに ParaView を用いて荷重変位曲線を作成すると，図 3.2.23 に示すようになる．

引張状態の場合の降伏では全断面が一度に降伏するために，バイリニア型の弾塑性特性をそのまま表した形になったが，曲げ状態の場合には断面の上下端部から降伏が徐々に進展するために，図 3.2.23 下のように曲線を描くのである．

先の材料力学に基づいた理論では，最初に 237.778 N の段階で降伏現象が生じ，358.333 N において全断面が降伏することになる．今回の増分解析では 1 ステップの荷重増分が 10 N であり 24 ステップ目から降伏が始まり，36 ステップ目で全断面降伏となるが，荷重変位曲線では 30 ステップ目くらいから降伏による非線形性が見られ，40 ステップ以降で大きく曲げ変形が生じていることから，先の理論上の値とおおむね対応していることが分かる．

次に断面内部の応力度の分布を分析する．図 3.2.24 では，曲げ状態の片持梁で曲げモーメントが最大になる固定端断面の応力度分布として，解析結果の荷重変

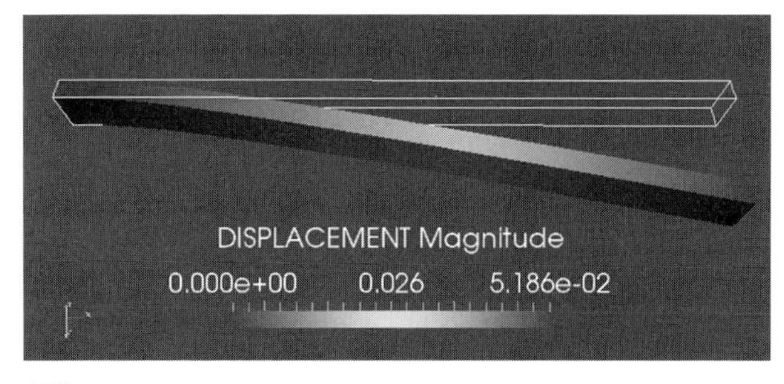

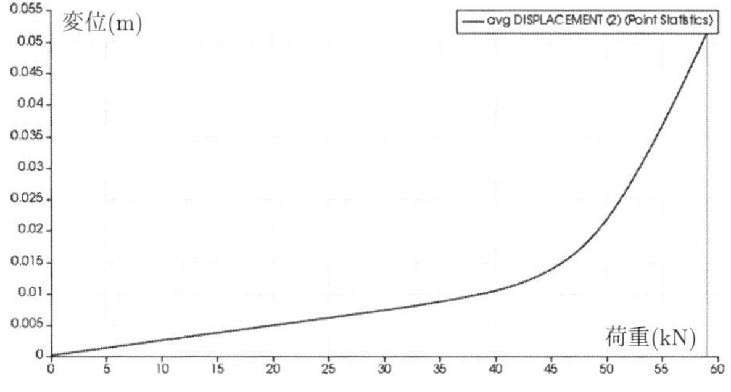

図 3.2.23 弾塑性解析での曲げ変形の荷重–変位曲線

位曲線での分析に基づいて，弾性状態の 10 ステップ目 (a) から，降伏の始まる 30 ステップ目 (b) と全断面降伏となる 40 ステップ目 (c) と最後の 60 ステップ目 (d) の 4 つを示す．なお応力度の分布図では，表示は NodalSTRESS_XX (部材軸 X 方向の節点応力度) とし，設定した降伏応力度 245 MPa が最大になるように表示した．

荷重–変位曲線で非線形性が確認できる 30 ステップ (b) より断面上下端部の応力度が増加し降伏応力度に近づいており，40 ステップ (c) より断面の半分程度が降伏した状態になっている．さらに最終の 60 ステップ (d) ではほとんどの断面が降伏応力度に達していることが分かる．

本来ならば弾塑性状態となるこの片持梁の曲げ状態について，以下の手順であえて弾性解析を行い，その結果と比較する．

① 弾塑性解析結果を残すために解析フォルダ「Text-3-2-1B」をコピーして，名前を「Text-3-2-1C」につけかえて弾性解析用フォルダとする．

② EasyISTR を再起動して，新しい解析フォルダを [参照] から設定したら，弾塑性解析の結果を削除するために [folder 内クリア] を実行する．

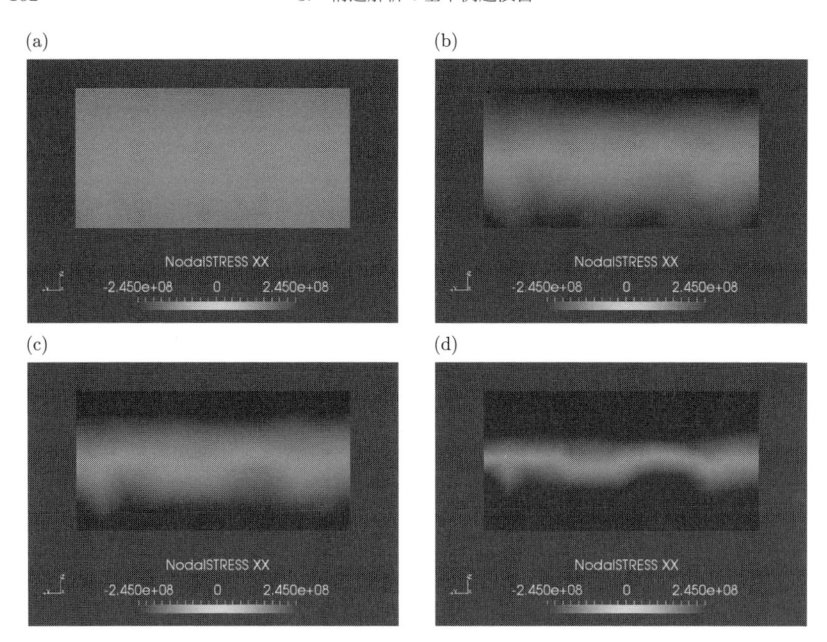

図 **3.2.24**　曲げ状態の片持梁の固定端断面の応力度分布

③ [設定項目] の [解析の種類] において，[非線形性解析] から [線形弾性静解析] に変更して，[材料物性値] の [beam] について [材料モデル] を [ELASTIC] に設定してから，[ステップ解析] の設定より [STEP] を [<< 戻す] で外しておく．

④ この状態で [solver] の [FrontISTR 実行] を押すと，約 2 秒で解析が完了するので，解析結果の可視化より荷重 600 N での変形を確認すると，1.431e−2 m (14.31 mm) と，弾塑性解析で得られた変形量 51.86 mm に比べて約 3 割程度の変形量となり，断面が降伏してバイリニア特性により変形が大きくなるという本来の要因が考慮されない結果であることが分かる．この変形量は，図 3.2.23 下において弾塑性を考慮せずに，最初の弾性状態が延長した場合の変形量にほぼ相当している．

以上のように，弾塑性解析は非線形解析において増分計算と収束計算が必要となるため，弾性解析に比べて著しく長い解析時間が必要となる．よって十分に小さな荷重による微小変形の状態では，弾性解析で効率よく適切な結果を得ることが可能である．しかし，ある程度の大きさの荷重が作用する場合には，材料の降伏応力度と比較して応力度が集中する部分で降伏が生じることがないかを概算で確認したのち，必要に応じて弾塑性特性を考慮する必要がある．

3.2.3 例題 2-2：マルチリニア型の弾塑性解析

a. 解析例題の理論的な説明と分析

例題 2-1 では，弾塑性特性の最も基本的な形式として，弾性状態の直線と降伏後の塑性状態を小さい剛性の直線で表したバイリニア型の検証を行った．鋼材などのように降伏点が明確に確認できて，前後の材料特性が比較的直線に近い性状を示す場合に適当な弾塑性特性である．

しかし金属であっても軟鋼やアルミニウムなどは，明確な降伏点が見られずに弾性状態の直線から徐々に非線形性が表れて，連続的に緩やかな曲線になる場合もあり，2 直線のバイリニア型では表現できない弾塑性特性も多い．

その場合には，基本となる弾性状態は直線で表しておき，塑性状態に移行する降伏点を応力度で定めて，ここを始点として応力度の増加に対応するひずみの増加の関係を，図 3.2.25 に示すように，複数の点をつないだ直線によって表現するマルチリニア型を考える必要がある．この形式であればどのような弾塑性特性であっても表現することが可能である．

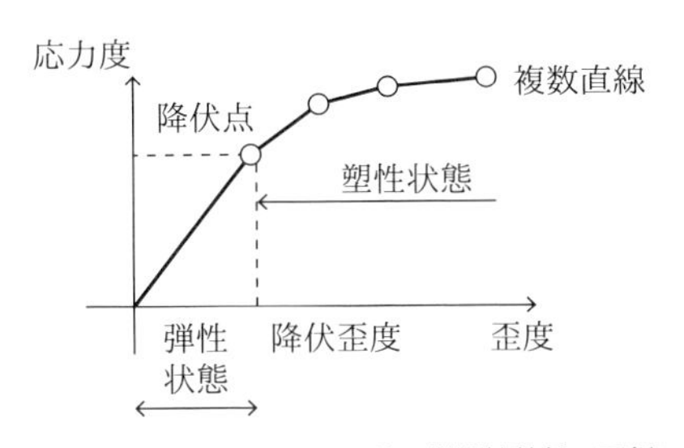

図 3.2.25 マルチリニア型の弾塑性特性 (再掲)

さらに，材料特性としての弾塑性や大変形による幾何学的な非線形を考慮した非線形解析を行う場合には，増分計算と収束計算が必要となる．例題 2-1 では構造力学の基本となるフックの法則：荷重 = 剛性 × 変位において，荷重を増分させる計算方法として荷重制御で解析を進めた．図 3.2.26 に示すように，実はもう 1 つのフックの法則の要素である変位を増分する変位制御も構造解析では可能であり，特に降伏後の塑性状態の解析においては不可欠な増分計算の手法となる．

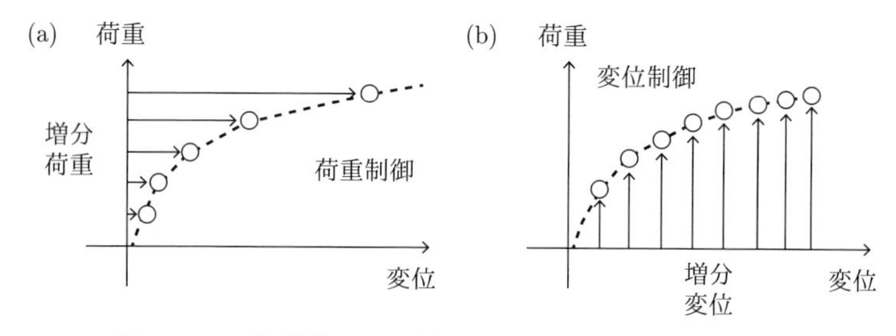

図 3.2.26 荷重制御 (a) と変位制御 (b) による増分計算 (再掲)

そこで例題 2-2 では，片持梁のバイリニア型弾塑性特性を解析した例題 2-1 の結果と比較するために，以下の 2 つの観点から弾塑性特性を考慮した構造解析を検証する.

■ マルチリニア型弾塑性特性の検証：実践的な弾塑性材料モデル

まず例題 2-1 の引張状態の片持梁に対して，軟鋼を想定したマルチリニア型特性を設定して解析を行い，一般的な鋼のバイリニア型特性での弾塑性解析の結果と比較して，塑性状態の荷重–変位関係を検証する．さらに材料をアルミニウムに変更した場合の弾塑性解析の結果を確認する.

■ 変位増分による弾塑性解析の検証：荷重制御と変位制御の比較

例題 2-1 の弾塑性解析では，荷重を増分する荷重制御で非線形に対応していたが，変位を増分する変位制御による弾塑性解析も可能である．この場合の解析結果の確認のため，荷重–変位関係に注目して分析する．また 2 つの制御方法において，増分計算や収束計算に与える影響を解析時間で確認する.

b. 解析入力データの設定

① 例題 2-1 の解析フォルダを元に弾塑性特性の設定を変更するため，解析フォルダ「Text-3-2-1」をコピーして，新たに例題 2-2 用の解析フォルダとして名前を「Text-3-2-2」につけかえる．このフォルダの中にある先のバイリニア型弾塑性特性の定義ファイル「Steel_PlasticSSdata.csv」は削除しておく.

② 弾塑性解析を進めるために EasyISTR を起動して，フォルダ「Text-3-2-2」を [参照] から設定して，以前の増分解析の結果を削除するために [folder 内クリア] を実行する．例題 2-1 の弾塑性解析の設定は残っているので，そのまま用いる.

c.　解析例題の材料特性の設定

① 例題 2-2 ではマルチリニア型の弾塑性特性を設定するので，[設定項目] の [材料物性値]⇒[beam] において，硬化則の設定を [BILINEAR] から [MULTILINEAR] に変更する．続いて塑性状態の荷重変位曲線を定義するために，[SS_data 作成・編集] を押して表計算ツール LibreOffice Calc を起動させる．

② バイリニア型特性の設定と同じ表計算シートが表示されるが，マルチリニア型特性の定義の場合には，入力する情報の属性が異なるため注意が必要である．セルの属性「value」,「stress」に対して，複数の直線を定義するための歪度 (value)・応力度 (stress) の組合せを，B，C 列の 3 行目から下に並べていくが，歪度は降伏点での降伏歪度を 0 として，そこから増加する歪度を入力し，応力度は降伏点での降伏応力度の値から，そのまま増加する応力度を入力する．

またここに定義する歪度と応力度は，非線形解析の増分計算において材料の特性を定義する剛性に対応するものであり，微小変形や弾性解析のように単純に初期状態からの変化を表す公称歪度や公称応力度ではなく，増分によって構造物の状態が変化することを考慮した「真歪度」と「真応力度」を用いる．真歪度と真応力度であれば，幾何学的非線形性を考慮する大変形解析において，増分による変化の蓄積を正しく表現することができるからである．

具体的には図 3.2.27 に示すように，真歪度 (単位なし) と真応力度 (Pa $= \mathrm{N/m^2}$) の組合せを 6 点分入力する．

この軟鋼の定義では，降伏応力度を 320 MPa として歪度を 0.15 まで設

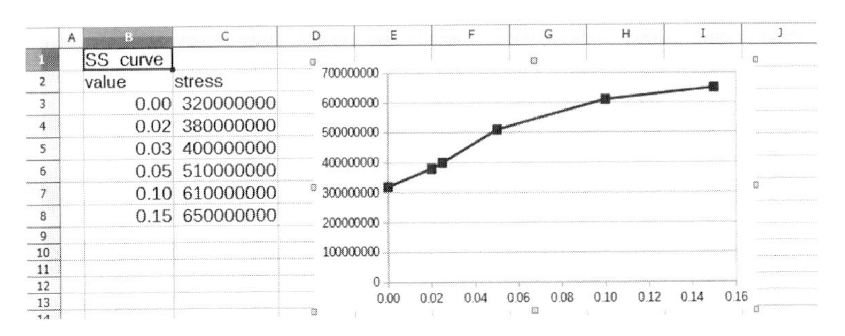

	A	B	C
1		SS_curve	
2		value	stress
3		0.00	320000000
4		0.02	380000000
5		0.03	400000000
6		0.05	510000000
7		0.10	610000000
8		0.15	650000000

図 3.2.27　マルチリニア型の軟鋼の弾塑性特性

定しており，降伏軸力は 64000 N となるため荷重設定は 80000 N までを想定する．

③ 弾塑性特性の数値を表形式で設定したら，表計算ツールを終了するために [ファイル]⇒[保存] を選択すると，[ファイル形式の確認] が表示されるが，必ず [テキスト CSV 形式を使用] を押して保存して，[ファイル]⇒[LibreOffice の終了] で閉じる．以上でマルチリニア型の弾塑性特性の材料物性値が定義できたので，[設定] する．

④ ここで現在の解析フォルダ「Text-3-2-2」の内容を確認すると，LibreOffice Calc で作成した新しい弾塑性特性の定義ファイル「Steel_PlasticSSdata.csv」がつくられている．このファイルをダブルクリックすると，LibreOffice Calc により直接内容を確認することもできる．

d.　解析例題の固定条件と荷重条件と解析条件の設定と解析実行

例題 2-2 では，例題 2-1 と同様の片持梁に引張力を作用させるので，固定条件：fix (全方向固定) は変更ないが，弾塑性特性を変更して降伏軸力が変化しているため荷重条件：load は X 方向 80000 N に変更する．

① 増分解析のステップは，[設定 STEP] より，以下のように設定する．

　CONVERG：1e−6 (デフォルトに戻す)

　SUBSTEP：80 (増分ステップあたりの荷重増分は 1000 N)

　MAXITER：10000 (十分な反復計算を実行するため)

　設定する境界条件：BOUNDARY ⇒ fix, CLOAD ⇒ load

② 解析ソルバの設定は，[設定項目] の [solver] の [METHOD] を [MUMPS] としておく．以上の設定で [FrontISTR 実行] より弾塑性解析を進める．

計算途中の解析フォルダを確認すると全 80 ステップのうち 63 ステップまでは弾性範囲であり結果ファイルがすぐに保存されるが，降伏軸力になる 64 ステップ目からは収束計算に時間がかかっていることがわかる．例題 2-1 のバイリニア型の解析時間が約 80 秒であるのに対して，マルチリニア型は約 550 秒となり降伏状態での収束計算に著しく時間が必要なことが分かる．

e.　解析例題の結果の比較検討と分析

例題 2-2 では，具体的な材料を対象として，マルチリニア型のモデル化を用いた弾塑性解析を検討する．

■ マルチリニア型弾塑性特性の検証：実践的な弾塑性材料モデル

〈観点 (1) 軟鋼のマルチリニア型の弾塑性特性の検証〉

単純な2直線のバイリニア型から，軟鋼を想定してマルチリニア型に弾塑性特性を変更した場合の解析結果を比較検討する．

〈観点(2) アルミニウムのマルチリニア型の弾塑性特性の検証〉

弾性状態から緩やかな非線形を示す材料特性をもつアルミニウムに変更した場合の荷重–変位曲線の結果を確認する．

《分析(1) 軟鋼のマルチリニア型の弾塑性特性の検証》

ParaViewにより可視化したマルチリニア型の弾塑性の荷重–変位関係を，図3.2.28に示す．軟鋼を想定した弾塑性特性ではあるが，結果的には，バイリニア型(降伏後の剛性が弾性の100分の1の場合)の性状に近い形となった．

この性状は降伏後の塑性状態の剛性が複数の直線によって定められているが，最初の直線のヤング率が3 GPaであり，軟鋼の206 GPaと比べて約69分の1と小さくバイリニア型に近い特性になるためと考えられる．

またマルチリニア型の弾塑性特性では歪度が0.025の時点から剛性が再び増加しているが，これは変位量で考えると7.5 mmとなり，荷重–変位曲線においてもこの時点から剛性が増加していることが分かる．最終的な荷重80000 Nに対しての変形量は8.777 mmとなった．

以上によりマルチリニアの弾塑性特性が，片持梁の軸剛性に対応する荷重–変位関係として確認できた．

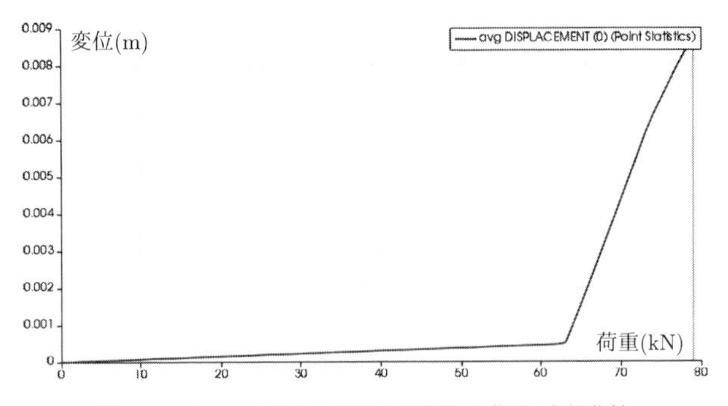

図3.2.28 マルチリニア型の弾塑性の荷重–変位曲線

《分析(2) アルミニウムのマルチリニア型の弾塑性特性の検証》

① 例題2-2の先の解析フォルダを元に弾塑性特性の設定を変更するため，フォルダ「Text-3-2-2」をコピーして，新たに例題2-2の解析フォルダ「Text-3-2-2A」を作成する．このフォルダの中にある先のバイリニア型弾塑性特性

の定義ファイル「Steel_PlasticSSdata.csv」は削除しておく．

② 弾塑性解析を進めるためにEasyISTRを再起動して，作成した「Text-3-2-2A」フォルダを [参照] から設定して，以前の増分解析の結果を削除するために [folder内クリア] を実行する．軟鋼の弾塑性解析の設定は残っているので，そのまま用いる．

アルミニウムの材料特性は，図3.2.29に示すとおりである．この材料特性の意味としては，応力度が290 MPaで降伏したのち，徐々に非線形特性が表れ460 MPaまで増加しており，最終段階の歪度が0.08である．よって荷重増分の設定としては，軟鋼と同様に荷重を80000 N，増分ステップを80とする．

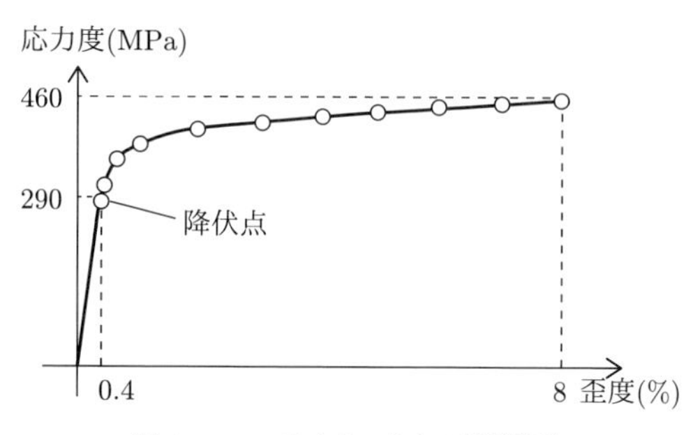

図 3.2.29　アルミニウムの材料特性

③ 変更が必要な [設定項目] は [材料物性値]⇒[beam] であり，まず材料名を [Aluminum] に変更して，[物性値の確認] より [young] (ヤング率) が70 GPaとなっているため，降伏応力度が290 MPaより降伏歪度は4.14e−3と計算される．

④ 続いて塑性状態での硬化則を定義するために，[SS_data作成・編集] を押して表計算ツールLibreOffice Calcを起動させる．図3.2.29に示した応力度–歪度関係をマルチリニア型で定義するために，図3.2.30に示すように，歪度と応力度の組合せを9点分入力する．なお歪度は降伏点を0とした値であり，アルミニウムの材料特性を示した図3.2.29のグラフの X 軸の歪度から，降伏歪度4.14e−3を引いた値となる．

⑤ 弾塑性特性の数値を表形式で設定したら，表計算ツールを終了するために [ファイル]⇒[保存] を選択すると，[ファイル形式の確認] が表示されるが，必ず [テキストCSV形式を使用] を押して保存して，[ファイル]⇒[LibreOffice

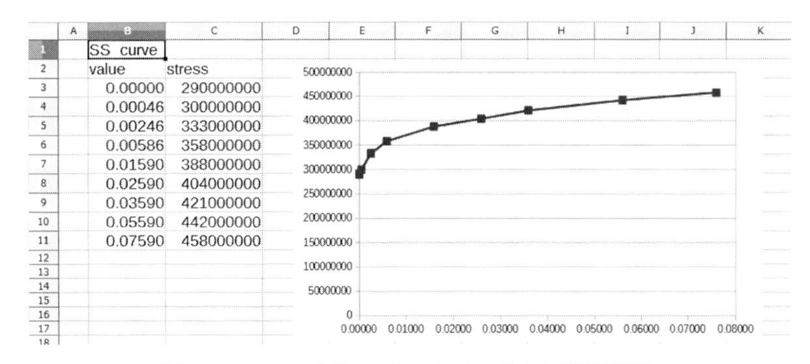

図 **3.2.30** マルチリニア型のアルミニウムの弾塑性特性

の終了] で閉じる．以上でマルチリニア型の弾塑性特性の材料物性値が定義できたので，[設定] する．

⑥ 例題 2-2 内では固定条件と荷重条件と解析条件の設定はすべて共通なので，以上で弾塑性の材料特性をアルミニウムに変更する作業は完了する．[設定項目] の [solver] の [FrontISTR 実行] より弾塑性解析を進める．

ここでは増分ステップを 80 としているが解析時間は約 243 秒となった．バイリニア型特性に近い軟鋼の場合には塑性状態での剛性が小さいために，収束計算に多くの時間が必要となり 647 秒となったが，アルミニウムの材料特性では徐々に非線形性が表れて降伏後の塑性状態の剛性もある程度の大きさがあるので，収束計算が少なくて済み解析時間の短縮につながったと考えられる．

ParaView を用いて，マルチリニア型の弾塑性の荷重–変位関係を可視化した結果を図 3.2.31 に示す．アルミニウムの弾塑性解析の荷重–変位曲線は，材料の応

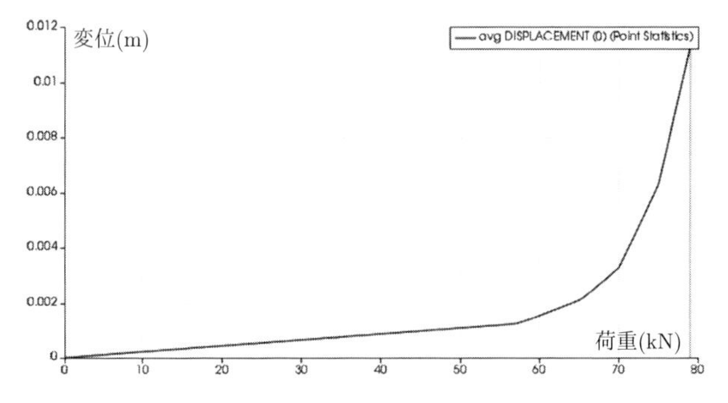

図 **3.2.31** アルミニウムの弾塑性解析の荷重–変位曲線

力度–歪度関係に類似して降伏後に徐々に非線形性が表れており，降伏点の変形量は降伏ひずみから計算した 0.0012 m に対応している．最終的には荷重 80000 N に対して伸び変形が 0.0113 m となった．

以上より弾塑性解析では，材料特性の設定により荷重–変位関係などの結果が大きく変化するため，硬化則における材料の応力度–歪度関係には注意する必要があるといえる．

■ 変位増分による弾塑性解析の検証：荷重制御と変位制御の比較

〈観点 (1) 荷重制御から変位制御に変更した場合の比較〉

これまでの弾塑性解析では，荷重を増分する荷重制御で非線形に対応していたが，変位制御での解析を行い，結果を比較する．

〈観点 (2) 変位増分量を変化させた場合の比較〉

変位増分量を増分ステップ数を変えることにより変化させた場合に，荷重–変位曲線の結果や解析時間に与える影響を分析する．

《分析 (1) 荷重制御から変位制御に変更した場合の比較》

アルミニウムの材料の弾塑性解析では，荷重 80000 N を増分ステップ 80 として解析したが，このときの最大変位は 11.31 mm であり，これを参考に変位増分の最大値を 12 mm (12.0e−3 m) と設定し，予備解析として変位増分ステップ 12 で弾塑性解析を行う．

① 先の荷重制御の解析フォルダを元に変位制御の設定を行うため，解析フォルダ「Text-3-2-2A」をコピーして，新たにここで使用する解析フォルダ「Text-3-2-2B」を作成する．EasyISTR を再起動して，作成した「Text-3-2-2B」を [参照] から設定して，以前の増分解析の結果を削除するために [folder 内クリア] を実行する．アルミニウムの弾塑性解析の設定は残っているので，そのまま用いる．

② 荷重制御の解析は [設定項目] の [境界条件] の [BOUNDARY (変位)] において拘束が変位 0 (固定条件) で設定したが，変位制御では強制変位として変形量を設定することで増分計算による構造解析を実現できる．

③ まず荷重制御で設定した荷重をなくすために，[境界条件] の [CLOAD]⇒[load] の荷重を 80000 (N) から「0.0」に [設定] してから，次に [BOUNDARY] のグループの [load] を [選択>>] して [設定] して，[load] の項目の変位において，X 方向の変位を「0.012」(m) として [設定] する．

④ さらに [設定項目] の [ステップ解析] の [STEP] において，増分ステップ数

[SUBSTEPS] を予備解析として「12」に入力し，[step 解析する境界条件] に「BOUNDARY, fix」も含めて 3 つを設定しておく．

⑤ 以上で変位制御の弾塑性解析の設定が完了したので，[設定項目] の [solver] の [FrontISTR 実行] より弾塑性解析を進める．ここで変位増分ステップ 12 として解析時間は約 68 秒となった．

ParaView を用いて，変位制御によるアルミニウムの弾塑性解析の応力度分布として NodalSTRESS(0)_X 方向の節点応力度の値を見ると，12 ステップ目の強制変位の最大値 12 mm の段階で，引張応力度として $4.271\mathrm{e}{+}8\ \mathrm{N/m^2}$ が生じており断面積 $2\mathrm{e}{-}4\ \mathrm{m}^2$ を考慮すると軸力が 85420 N になる．また 5 ステップ目では変位量が 6 mm で軸力が 77420 N となっている．この変位制御による変位と応力の関係は，荷重制御の場合とほぼ一致している．

変位増分においては，ステップ数が変位量に対応しており，これに対する応力度の変化を図 3.2.32 に示す．アルミニウムの材料特性に対応した形になっている．

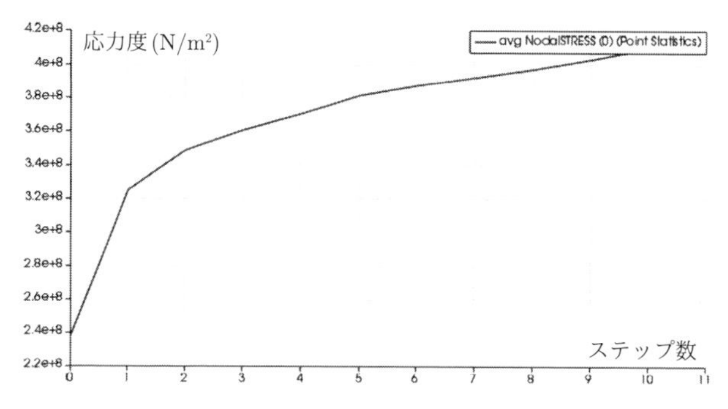

図 **3.2.32**　変位増分の弾塑性解析の応力度–ステップ関係

《分析 (2) 変位増分量を変化させた場合の比較》

先の予備解析では変位制御の増分ステップを 12 としたが，これを 60 に変更した場合の弾塑性解析を行い，結果を比較する．解析フォルダは「Text-3-2-2B」をそのまま用いて，以前の増分解析の結果を削除するために [folder 内クリア] を実行する．

[設定項目] の [ステップ解析] より [STEP] の [SUBSTEPS] を 60 として，[FrontISTR 実行] より弾塑性解析を進める．

ここでの解析時間は約 307 秒であり，変位増分ステップ数の 5 倍の設定に対応して，ほぼ 5 倍の解析時間となった．

ParaView を用いて，変位制御によるアルミニウムの弾塑性解析の応力度分布として NodalMISES の値を見ると，60 ステップ目の強制変位の最大値 12 mm の段階で，引張応力度として $4.271e{+}8\ \mathrm{N/m^2}$ が生じており，対応するステップにおいて予備解析とまったく同等の結果が得られている．

この分析 (2) では，変位制御を用いることによって少ない増分ステップで正しい解析結果を得られることが分かる．

3.2.4　例題 2-3：弾塑性解析での並列処理の検証

a.　解析例題の数値解析の説明と分析

例題 2-2 では，弾塑性解析を実現するために増分計算と収束計算を用いて非線形解析を行った．この場合には弾塑性特性の設定にもよるが，数百回から数千回の反復計算を行うことになり，解析モデルが大きくなく例えば 1 回の解析が 2 秒で終わるとしても，2000 回の反復計算では単純に考えて 4000 秒となり 1 時間以上の解析時間が必要となる．

そこで解析時間の短縮を狙って並列処理を試みるが，ここでは PC の CPU がもつ 4 つ程度の CPU コアを活用することを考え，並列処理の仕組みとしては領域分割による並列化を行う．よって上記の弾塑性解析のように，反復回数によって解析時間が増加するような場合には，この増分計算は逐次的に行う必要があるため，並列化の対象とはならない．

また領域分割による並列化は，本来は著しく大規模な解析モデルを対象にして，支配方程式の自由度を分割することで並列処理の効果を狙う手法であり，本書の例題で扱うような小規模なモデルに対しては，十分な効果が得られないことが予想されるが，ここでは並列処理の手順と解析結果の確認を行うことを目的として，以下の検証を行う．

■ **並列処理の設定手順と検証：解析時間の短縮の効果**

本解析システムが動作している PC の 4CPU コアを活用して，並列処理を実現する方法を確認する．また，その結果として弾塑性解析の増分計算において並列処理の効果により解析時間がどれだけ短縮されるかを検証する．

b.　解析入力データの設定

ここでは例題 2-2 を用いて，新たに例題 2-3 として並列処理の設定を行う．本解析システムでは，解析モデルの領域分割や並列処理された解析結果の統合なども EasyISTR により簡単に処理することが可能である．

① 先の例題 2-2 の軟鋼を想定したマルチリニア型弾塑性解析のフォルダ「Text-3-2-2」をコピーして，新たに例題 2-3 の解析フォルダ「Text-3-2-3」を作成する．

② 並列処理による弾塑性解析を進めるために EasyISTR を再起動して，新たにフォルダ「Text-3-2-3」を [参照] から選択して，以前の増分解析の結果を削除するために [folder 内クリア] を実行する．例題 2-2 の弾塑性解析の設定は残っているので，そのまま用いる．並列処理への変更は，図 3.2.33 に示すように [設定項目]⇒[solver の設定] の [並列処理の設定] で行う．

③ まず [並列計算する] にチェックを入れると，現在の解析システムが動作しているパソコンで利用できる CPU のコア数に基づいて [cpu 数] が設定され，検証用の環境では 4 となり，解析実行ボタンが [FrontISTR 実行 (並列)] のように並列対応となる．

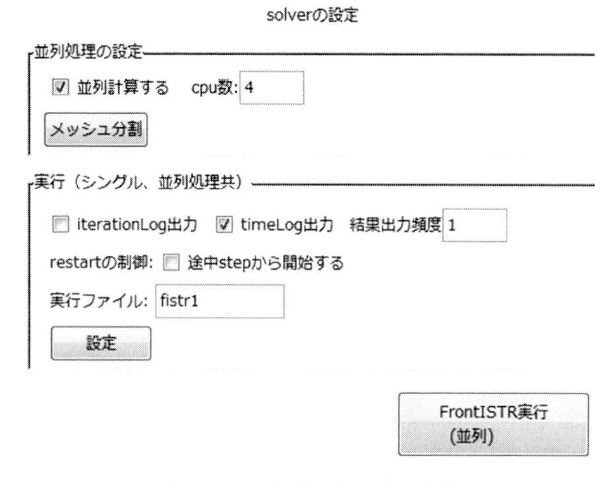

図 3.2.33 並列処理の設定の方法

c. 解析例題の結果の比較検討と分析

例題 2-3 では，弾塑性解析において並列処理を実行した場合の解析時間の変化と解析結果の確認を行う．

■ 並列処理の設定手順と検証：解析時間の短縮の効果

〈観点 (1) 並列処理の効果と解析結果の確認〉

軟鋼を想定したバイリニア型弾塑性特性を考慮して片持梁の引張状態における

弾塑性解析を行うとき，増分計算を用いた場合に並列処理の導入が解析時間と解析結果に及ぼす影響を検証する．

《分析 (1) 並列処理の効果と解析結果の確認》

検証用の解析環境では CPU コアは 4 であり，すべてのコアを用いて並列処理を実行する．ここで並列処理を行うための解析用ファイルは，[folder 開く] より確認できる．また解析環境の Windows では，タスクマネージャーの [パフォーマンス] タブより [CPU 使用率の履歴] で並列処理が各 CPU コアで実行されている様子が表示されるので，確認用で準備しておく．

① まず解析モデルを並列処理用に領域分割するために，図 3.2.33 の上に示す [メッシュ分割] を実行する．処理終了を [OK] で確認して，解析フォルダを見ると，領域分割されたメッシュが「FistrModel_p4.0〜3」として 4 個つくられている．これは並列処理数 4 を「p4」として，0 から 3 までメッシュを 4 分割した結果である．

② これで並列処理の準備ができたので，[FrontISTR 実行 (並列)] より解析を実行する．タスクマネージャーを確認すると，4 コアすべてにおいてほぼ 100%の使用率となっており，並列処理が設定どおり実行されていることが分かる．

③ 解析フォルダの内容を見ると，増分ステップごとに解析結果が「FistrMode.res.[A].[B]」のような名称で作成されている．この数値 [A] は並列処理を割り当てた CPU コア 0〜3 であり，[B] は増分ステップ (ここでは 1 から 80) である．

増分ステップ 80 の弾塑性解析において，1CPU コアの逐次処理では約 550 秒の解析時間であったのに対して，並列処理は約 443 秒となり 20%程度の圧縮となった．この理由は，対象とした解析モデルが四面体要素 2506 個であり，領域分割の効果よりも分割したことによる領域間の収束計算などの計算コストの影響が大きくなったことで，十分な並列効率が見られなかったためと考えられる．

④ 次に並列処理の解析結果を確認するためには，[設定項目] の [post] において，図 3.2.34 に示すように [結果の再構築] を実行して，領域分割して分散している解析結果を結合する処理が必要となる．

⑤ 続く可視化処理は，これまでと同様に [データ変換]⇒[主応力追加]⇒[ParaView 起動] の順で進める．引張状態における伸び変形量は 8.777 mm

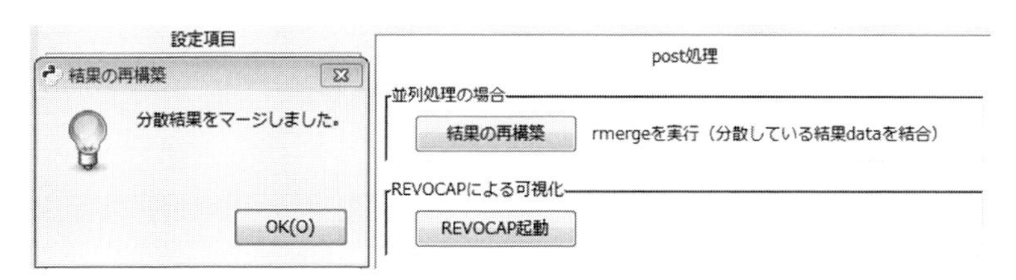

図 3.2.34 並列処理の結果の結合

となり，これは先に行った逐次処理の結果とまったく同一であり，並列処理による解析誤差はないことが確認できた．

3.2.5 弾塑性応力解析の演習問題

本節で学んだ事項を発展させるための演習問題を，各項ごとに示すので取り組んでほしい．解析の手順や結果については，OSM に解説するので，各自の結果と比較検討することができる．

a. バイリニア型の弾塑性解析

問題 1 鋼材の材料特性を調べて，降伏応力度の値を変化させたときに，荷重–変位関係がどのように変化するかを確認する．

問題 2 例題 2-2 で行ったような変位制御を用いて，バイリニア型弾塑性特性の引張状態における荷重–変位関係を確認する．

問題 3 例題 2-2 で行ったような変位制御を用いて，曲げ変形の状態について解析を行い，荷重制御や弾性解析の結果と比較する．

b. マルチリニア型の弾塑性解析

問題 1 金属とは異なる材料特性をもつ木材などを対象として，マルチリニア型の材料特性を定義して，曲げ変形の状態を検討する．

問題 2 マルチリニア型の定義方法を用いて，鋼材のバイリニア型の弾塑性特性を定義し，引張状態における解析結果を比較する．

問題 3 荷重制御と変位制御の 2 つの増分解析について，同じ解析時間の計算を行った場合において，解析結果の精度を比較する．

c. 弾塑性解析での並列処理の検証

問題 1 解析で用いる PC の CPU コア数の範囲内で，並列処理で用いるコア数を変化させたときに，計算時間がどのように変化するかを検証する．

問題 2 弾塑性解析としてメッシュ数を変化させた場合に，並列処理による計算時間の短縮がどのように実現するかを確認する．

問題 3 3.1 節で行った弾性解析において，著しくメッシュ数を大きくした場合に，並列処理によってどの程度効率化するかを確認する．

文　　献

第1章

[1] 岸正彦著：構造解析のための有限要素法実践ハンドブック，森北出版，2006年

[2] 長嶋利夫著：これだけ！有限要素法，秀和システム，2015年

[3] 石川博幸ほか著：〈解析塾秘伝〉有限要素法のつくり方，日刊工業新聞社，2014年

[4] 土木学会応用力学委員会計算力学小委員会編：いまさら聞けない計算力学の常識，丸善出版，2008年

[5] 坂田弘安ほか著：建築構造力学 II，学芸出版社，2005年

[6] 吉野雅彦ほか著：Excelによる有限要素法，朝倉書店，2006年

[7] 泉聡志ほか著：理論と実務がつながる実践有限要素法シミュレーション，森北出版，2010年

第2章

[8] 藤井文夫ほか著：Fortran90/95による有限要素法プログラミング，丸善出版，2014年

[9] 坪田遼著：基礎からのFreeCAD，工学社，2016年

[10] 柴田良一著：オープンCAE「Salome-Meca」構造解析「弾塑性」「接触」解析編，工学社，2016年

[11] 林真著：はじめてのParaView改訂版，工学社，2014年

[12] 奥田洋司編著：並列有限要素解析[II] 並列構造解析ソフトウェアFrontSTRを使いこなす，培風館，2008年

第3章

[13] 栗崎彰著：図解 設計技術者のための有限要素法はじめの一歩，講談社，2012年

[14] 三好俊郎著：有限要素法入門改訂版，培風館，1994年

[15] 日本機械学会編：機械工学便覧基礎編 $\alpha3$ 材料力学，丸善，2007年

[16] 石川覚志著：〈解析塾秘伝〉非線形構造解析の学び方！，日刊工業新聞社，2012年

[17] 矢川元基ほか著：超並列有限要素解析，朝倉書店，1998年

[18] 橋口公一著：最新弾塑性学，朝倉書店，1990年

索　　引

あ 行

か 行

さ　行

た　行

な　行

は　行

ま　行

や　行

ら　行

わ　行

著者略歴

しば た りょう いち
柴 田 良 一

1966 年　愛知県に生まれる
1994 年　豊橋技術科学大学大学院博士後期課程修了
現　在　国立高等専門学校機構 岐阜工業高等専門学校建築学科教授
　　　　博士（工学）

オープン CAE で学ぶ構造解析入門
—DEXCS-WinXistr の活用—　　定価はカバーに表示

2017 年 3 月 25 日　初版第 1 刷

著　者　柴　田　良　一
発行者　朝　倉　誠　造
発行所　株式会社　朝　倉　書　店
東京都新宿区新小川町 6-29
郵便番号　162-8707
電　話　03（3260）0141
FAX　03（3260）0180
http://www.asakura.co.jp

〈検印省略〉

中央印刷・渡辺製本

ISBN 978-4-254-20164-2　C 3050　　Printed in Japan